家具设计CAD绘图快速入门

第二版

谭荣伟　等编著

化学工业出版社

·北京·

《家具设计 CAD 绘图快速入门》（第二版）以 AutoCAD 最新简体中文版本（AutoCAD 2018 版本）作为设计软件平台，以实际家具设计产品为案例，紧密结合家具设计及管理工作的特点与要求，详细介绍 AutoCAD 在家具设计及管理工作中的应用方法与技巧，包括基本使用功能与高级操作技巧以及各种图形的绘制与编辑修改方法，同时还详细阐述如何从 CAD 软件中将家具设计图形转换输出为 JPG/BMP 格式图片或 PDF 格式文件的方法，如何将 CAD 绘制的家具设计图形快速应用到 WORD 文档中，方便使用和浏览 CAD 图形。

本书适合从事家具设计、家具制造、家具销售及管理、室内装饰等设计师与相关管理人员、专业技术人员及施工人员学习使用；也可以作为相关行业初、中级技术职业学校和高等院校师生的教学、自学用书以及社会相关领域 CAD 培训教材。

图书在版编目（CIP）数据

家具设计 CAD 绘图快速入门/谭荣伟等编著. —2 版.
北京：化学工业出版社，2018.10（2022.7 重印）
ISBN 978-7-122-32710-9

Ⅰ．①家…　Ⅱ．①谭…　Ⅲ．①家具-计算机辅助设计-AutoCAD 软件　Ⅳ．①TS664.01-39

中国版本图书馆 CIP 数据核字（2018）第 162324 号

责任编辑：袁海燕　　　　　　　　　　　　装帧设计：王晓宇
责任校对：王素芹

出版发行：化学工业出版社（北京市东城区青年湖南街 13 号　邮政编码 100011）
印　　装：北京科印技术咨询服务有限公司数码印刷分部
787mm×1092mm　1/16　印张 17½　字数 450 千字　　2022 年 7 月北京第 2 版第 4 次印刷

购书咨询：010-64518888　　　　　　　　售后服务：010-64518899
网　　址：http://www.cip.com.cn

前　言

FOREWORD

《家具设计 CAD 绘图快速入门》自出版以来，由于其切合家具设计及其管理的实际应用情况，操作实用、专业知识广泛、针对性强、内容全面、资料丰富，深受广大读者欢迎和喜爱。

基于计算机信息技术的迅猛发展及"互联网＋"的不断创新，家具设计及管理技术不断发展，CAD 软件也不断更新换代，功能不断提高。原书中的部分内容也需要相应更新调整，以适应目前 CAD 软件新技术操作的实际情况和真实需要。为此，本书作者根据新版 CAD 软件，对该书进行适当更新与调整，既保留了原书的切合实际、简捷实用、内容丰富等特点，又使得本书从内容上保持与时俱进，形式上图文并茂，使用上更加方便。主要修改及调整内容包括：

● 按照新版 AutoCAD 2018 软件相关操作功能及命令进行内容的调整及更新，使得本书对不同版本的 AutoCAD 软件具有更强的通用性和灵活的适用性，可以作为各个版本（如早期的 2004、2012、2016 版本）的学习参考用书；

● 增加了家具设计基本轴测图 CAD 绘图的方法及基本案例讲解内容。

本书通过"互联网＋"分享功能，提供书中各章家具设计讲解案例的 CAD 图形文件，读者随时登录书中提供的网址下载学习使用，更加快捷便利。

通过本书学习，可以快速掌握使用 AutoCAD 进行各种家具设计造型及其节点详图相关图纸的绘制，包括柜类家具、茶几凳子、沙发椅子、桌子和古典家具等各种家具图纸的绘制。由于 AutoCAD 大部分基本绘图功能命令是基本一致或完全一样的，因此本书也适合 AutoCAD 2018 以前版本（如 AutoCAD 2000 至 AutoCAD 2017）的学习参考。

全书在内容安排上，不仅精要而详细地介绍了 AutoCAD 的各种功能及其使用方法与技巧，而且全面又简明地阐述了家具设计及其管理工作中经常碰到的等各种家具设计图的绘制过程和方法，真正做到轻松入门，快速使用，全面提高的目的。

本书内容由作者精心策划和认真撰写，是作者多年 CAD 设计等实践经验的总结，注重理论与实践相结合，示例丰富、实用性强、叙述清晰、通俗易懂，保证该书使用和可操作性强，更为适合实际家具设计及施工管理工作的使用需要。读者通过本书的学习，既能理解有关 AutoCAD 使用的基本概念，掌握 AutoCAD 进行家具设计图形绘制的方法与技巧，又能融会贯通，举一反三，在实际家具设计及施工管理工作中快速应用。因此，本书是一本总结经验、提高技巧的有益参考书。

本书主要由谭荣伟组织修改及编写，李淼、王军辉、许琢玉、卢晓华、黄冬梅、谭斌华、苏月风、许鉴开、谭小金、李应霞、赖永桥、潘朝远、孙达信、黄艳丽、杨勇、余云飞、卢芸芸、黄贺林、许景婷、吴本升、黎育信、黄月月、韦燕姬、罗尚连、卢橦橦、谭清华、黄子元等参加了相关章节编写。

由于编著者水平有限，虽经再三勘误，仍难免有纰漏之处，欢迎广大读者予以指正。

编著者

2018 年·夏

第一版前言

FOREWORD

　　家具设计是用图形（或模型）和文字说明等方法，表达家具的造型、功能、尺度与尺寸、色彩、材料和结构。家具设计既是一门艺术，又是一门应用科学，主要包括造型设计、结构设计及工艺设计 3 个方面。设计的整个过程包括收集资料、构思、绘制草图、评价、试样、再评价、绘制生产图。家具设计既是民族的，又是时代的。在一个民族历史发展的不同阶段，该民族的家具设计会表现出明显的时代特征，这是因为家具设计首先是一个历史发展的过程，是该民族各个时期设计文化的叠合及承接。在经济全球化，科技飞速发展的今天，社会主观形式都已发生了根本的改变，尤其是信息的广泛高速传播、开放的观念冲击着社会结构、价值观念与审美观念，国与国之间的交流、人与人之间的交往日趋频繁，人们从世界各地接受的信息今非昔比，社会及人的要求在不断增加和改变。加之工业的文明所带来的能源、环境和生态的危机，面对这一切设计师能否适应它、利用它，使得设计成为特定时代的产物，这已成为当今设计师的重要任务。

　　早期的家具设计进行图纸绘制时主要是手工绘制，绘图的主要工具和仪器有绘图桌、图板、丁字尺、三角板、比例尺、分规、圆规、绘图笔、铅笔、曲线板和建筑模板等。老一辈工程师和施工管理技术人员对手工绘制图纸是比较熟悉的，年轻一代或许使用比较少。随着计算机硬件技术的飞速发展，绘图摆脱了传统的手工绘制方式，实现了计算机绘图，使得绘图效率和图面美观等大为提高；也使更多更好、功能强大全面的工程设计软件得到更为广泛的应用，其中 AutoCAD 无疑是比较成功的典范。AutoCAD 是美国 Autodesk（欧特克）公司的通用计算机辅助设计（CAD，即 Computer Aided Design 简称）软件，AutoCAD R1.0 是 Auto-CAD 的第 1 个版本，于 1982 年 12 月发布。AutoCAD 至今已进行了十多次的更新换代，包括 DOS 版本 AutoCAD R12、Windows 版本 AutoCAD R14～AutoCAD 2009、功能更为强大的 AutoCAD 2010～AutoCAD 2013 版本等，在功能性、操作性和稳定性等诸多方面都有了质的变化。凭借其方便快捷的操作方式、功能强大的编辑功能以及能适应各领域工程设计多方面需求的特点，AutoCAD 已经成为当今工程领域进行二维平面图形绘制、三维立体图形建模的主流工具之一。

本书以 AutoCAD 最新简体中文版本（AutoCAD 2013 版本）作为设计软件平台，以实际家具设计产品为案例，紧密结合家具设计及管理工作的特点与要求，详细介绍 AutoCAD 在家具设计及管理工作中的应用方法与技巧，包括基本使用功能与高级操作技巧以及各种图形的绘制与编辑修改方法。通过本书学习，可以快速掌握 AutoCAD 进行柜子、椅子、凳子、沙发、桌子及古典家具等各种家具的快速绘制方法。同时还详细阐述如何从 CAD 软件中将家具设计图形转换输出 JPG/BMP 格式图片或 PDF 格式文件的方法，如何将 CAD 绘制的家具设计图形快速应用到 WORD 文档中，方便使用和浏览 CAD 图形。由于 AutoCAD 的绘图功能命令是基本一致或完全一样的，因此本书也适合 AutoCAD 2013 以前版本（如 AutoCAD 2004～AutoCAD 2012）或 AutoCAD 2013 以后更高版本的学习。

全书在内容安排上，不仅精要而详细地介绍了 AutoCAD 的各种功能及其使用方法与技巧，而且全面又简明地阐述了家具设计及管理工作中经常碰到的柜子、椅子、凳子、沙发、桌子及古典家具等各种家具的绘制过程和方法，真正达到轻松入门，快速使用，全面提高的目的。

该书内容由作者精心策划和认真撰写，是作者多年实践经验的总结，注重理论与实践相结合，示例丰富、实用性强、叙述清晰、通俗易懂，保证该书使用和可操作性强，更为适合实际项目中工程家具设计及管理工作的使用需要。读者通过本书的学习，既能理解有关 AutoCAD 使用的基本概念，掌握 AutoCAD 进行家具设计图形绘制的方法与技巧，又能融会贯通，举一反三，在实际家具设计管理工作中快速应用。因此，本书是一本总结经验、提高技巧的有益参考书。

本书适合从事家具设计、家具制造、家具销售及管理、室内装饰等设计师、相关管理人员、专业技术人员及施工人员学习使用；也可以作为相关行业初、中级技术职业学校和高等院校师生的教学、自学图书以及社会相关领域 CAD 培训教材。

本书由谭荣伟负责策划和组织编写，李淼、黄仕伟、雷隽卿、王军辉、许琢玉、卢晓华、黄冬梅、苏月风、许鉴开、谭小金、李应霞、赖永桥、潘朝远、孙达信、黄艳丽、杨勇、余云飞、卢芸芸、黄贺林、许景婷、吴本升、黎育信、黄月月、韦燕姬、罗尚连等参加了相关章节编写。由于编者水平有限，虽然经过再三勘误，但仍难免有纰漏之处，欢迎广大读者予以指正。

编著者

2013 年 7 月

目 录

CONTENTS

Chapter 3

第 3 章　家具设计 CAD 基本图形绘制方法 ············· 69

第1章

家具设计CAD绘图综述

本章结合家具设计的特点和要求，讲解 CAD 在家具设计工作中的应用及其绘制方法的一些基础知识。在实际家具设计中，家具设计师学习掌握 CAD 绘图技能是十分必要的，因为 CAD 可以有力地促进家具设计工作，CAD 在一定程度上可以提高工作效率，方便进行技术交底、工作交流及汇报等。CAD 可以应用于家具设计中的方案、家具构造安装图、家具室内布置图等多方面绘制工作。

1.1　家具设计 CAD 绘图知识快速入门

家具（funiture）是人类维持日常生活，从事生产实践和开展社会活动必不可少的物质器具。家具的历史可以说同人类的历史一样悠久，它随着社会的进步而不断发展，反映了不同时代人类的生活和生产力水平，融科学、技术、材料、文化和艺术于一体。家具除了是一种具有实用功能的物品外，更是一种具有丰富文化形态的艺术品。如图 1.1 所示。

图 1.1　常见一些家具设计效果

在家具设计中，常常需要绘制一些图纸，例如家具创意方案图、家具构造工艺图、家具室内布置方案图等，这些都可以使用 CAD 轻松快速完成。特别说明一点，最为便利的还在于，家具设计各种图形与表格使用 CAD 绘制完成后，还可以将所绘制图形从 CAD 软件中轻松转换输出 JPG/BMP 格式图片或 PDF 格式文件等，可以轻松应用到 WORD 文档中，方便使用和浏览。CAD 图形具体转换方法在后面的章节中详细介绍。因此，从事家具设计工作的相关技术人员，学习 CAD 绘图是很有用处的。

1.1.1　关于家具设计

现代家具设计的内涵是永无止境的，家具从木器时代演变到金属时代、塑料时代、生态时代，从建筑到环境、从室内到室外、从家庭到城市，现代家具的设计与制造都是为了满足人们不断变化的需求功能，创造更美好、更舒适、更健康的生活、工作、娱乐和休闲方式。

家具是构成建筑环境室内空间的使用功能和视觉美感的第一至关重要的因素。由于现代建筑设计和结构技术都有了很大的进步，建筑学的学科内涵有了很大的发展，现代建筑环境艺术、室内设计与家具设计作为一个学科的分支逐渐从建筑学科中分离出来，形成几个新的专业。家具设计要与建筑室内设计相统一，家具的造型、尺度、色彩、材料、肌理要与建筑室内相适应。图1.2为一些常见家具设计的尺寸规格图、装配图等。

图 1.2　常见家具设计图

1.1.2 关于家具设计 CAD 绘图应用

　　早期的家具设计进行图纸绘制主要是手工绘制，绘图的主要工具和仪器有绘图桌、图板、丁字尺、三角板、比例尺、分规、圆规、绘图笔、铅笔、曲线板和建筑模板等。手工绘制图纸老一辈工程师和施工管理技术人员是比较熟悉的，年轻一代或许使用比较少，作为家具设计工程师或技术人员，了解一下其历史，也挺有知识和趣味的，如图 1.3 所示。

(a) 手工绘图示意

(b) 手工绘图常用工具

图 1.3　早期手工绘图示意

　　比纯手工绘图更进一步的绘图方式，是使用绘图机及其相应设备。绘图机是当时比较先进的手工绘图设备，其机头上装有一对互相垂直的直尺，可作 360° 的转动，它能代替丁字尺、三角板、量角器等绘图工具的工作，画出水平线、垂直线和任意角度的倾斜线。绘图机可分为钢带式绘图机、导轨式绘图机，如图 1.4 所示。

　　随着计算机及其软件技术的快速发展，在现在家具设计工作中，家具设计图纸的绘制都已经计算机数字化，使用图板、绘图笔和丁字尺等工具手工绘制图纸几乎很少。基本使用计算机进行图纸绘制，然后使用打印机或绘图仪输出图纸，如图 1.5、图 1.6 所示。

(a) 钢带式绘图机　　　　　　　　　　　　(b) 导轨式绘图机

图 1.4　常见手工绘图机

(a) 台式电脑　　　　　　　　　　　　　　(b) 笔记本电脑

图 1.5　图纸绘制设备

(a) 打印机　　　　　　　　　　　　　　　(b) 绘图仪

图 1.6　图纸输出设备

1.1.3　关于家具设计 CAD 绘图图幅及线型与字体

1.1.3.1　家具设计 CAD 绘图常见图幅大小

　　家具设计图纸的图纸幅面和图框尺寸，即图纸图面的大小，按国家相关规范规定，分为 A4、A3、A2、A1 和 A0，具体大小详见表 1.1 和图 1.7 所示，图幅还可以在长边方向加长一定的尺寸，参见建筑工程和家具设计制图相关规范，在此从略。使用 CAD 进行绘制时，也完全按照前述图幅进行。图框详细 CAD 绘制方法在后面章节进行论述。

表 1.1　图纸幅面和图框尺寸　　　　　　　　　　　　　　单位：mm

尺寸代号＼幅面代号	A4	A3	A2	A1	A0
$b \times l$	210×297	297×420	420×594	594×841	841×1189
c	5	5	10	10	10
a	25	25	25	25	25

(a) 常用图纸幅面和图框样式

(b) 家具设计图纸布局实例

图 1.7　家具设计图纸图幅示意

图纸以短边作为垂直边称为横式，以短边作为水平边称为立式。一般 A0～A3 图纸宜横式使用；必要时，也可立式使用。此外，CAD 还有一个更为灵活的地方，CAD 可以输出任意规格大小的图纸，但这种情况一般在作为草稿时临时使用，不宜作为正式施工图纸。在家具设计实际工程施工实践中，A3、A2 图幅大小的图纸使用最方便，比较受安装施工相关人员欢迎。

1.1.3.2　家具设计 CAD 图形常见线型

按照《房屋建筑 CAD 制图统一规则》（GB/T 18112）等国家建筑及家具设计制图行业标准及规范的相关规定，家具设计工程制图图线宽度分为粗线、中线、细线，从 $b =$ 0.18mm、0.25mm、0.35mm、0.50mm、0.70mm、1.0mm、1.4mm、2.0mm 线宽系列中根据需要选取使用；该线宽系列的公比为 $1 : \sqrt{2} \approx 1 : 1.4$，粗线、中粗线和细线的宽度比率为 4：2：1，在同一图样中同类图线的宽度一致，如表 1.2 所列，线型则有实线、虚线、点划线、折断线和波浪线等类型，如图 1.8 所示。

表 1.2　常用线组宽要求　　　　　　　　　　　　　　单位：mm

线宽比	线宽组					
b	2.0	1.4	1.0	0.7	0.5	0.35
$0.5b$	1.0	0.7	0.5	0.35	0.25	0.18
$0.25b$	0.5	0.35	0.25	0.18	—	

注：1. 需要微缩的图纸，不宜采用 0.18mm 及更细的线宽。

2. 同一张图纸内，各不同线宽中的细线，可统一采用较细的线宽组的细线。

家具设计 CAD 绘图即是按照上述线条宽度和线型进行的，实际绘图时根据图幅大小和出图比例调整宽度大小，具体绘制方法在后面章节详细论述，其中细线实际在 CAD 绘制中是按默认宽度为 0 进行绘制。

图 1.8 常用家具设计 CAD 制图图线

粗实线 | 中双点划线
中实线 | 细双点划线
细实线 | 折断线
中虚线 | 双折断线
细虚线 | 波浪线
细点划 |

一般情况下，图线不得与文字、数字或符号重叠、混淆，不可避免时，应首先保证文字等的清晰。虚线与虚线交接或虚线与其他图线交接时，应是线段交接。虚线为实线的延长线时，不得与实线连接。同一张图纸内，相同比例的各图样，应选用相同的线宽组。

1.1.3.3 家具设计 CAD 图形常见字体和字号

按照《房屋建筑 CAD 制图统一规则》等国家建筑工程和家具设计制图规范的相关规定，CAD 家具设计制图图样中汉字、字符和数字应做到排列整齐、清楚正确，尺寸大小协调一致。汉字、字符和数字并列书写时，汉字字高略高于字符和数字字高。家具图上的文字应使用中文标准简化汉字。涉外的规划项目，可在中文下方加注外文；数字应使用阿拉伯数字，计量单位应使用国家法定计量单位；代码应使用规定的英文字母、年份应用公元年表示。

图 1.9 家具设计 CAD 制图字体间距

文字高度应按规定所列数字选用。如需书写更大的字，其高度应按 $\sqrt{2}$ 的比值递增。汉字的高度应不小于 2.5mm，字母与数字的高度应不小于 1.8mm。汉字的最小行距不小于 2mm，字符与数字的最小行距应不小于 1mm；当汉字与字符、数字混合使用时，最小行距等应根据汉字的规定使用。如图 1.9 所示。图及说明中的汉字应采用长仿宋体，其宽度与高度的关系一般应符合表 1.3 的规定。大标题、图册封面、目录、图名、标题栏中设计单位名称、工程名称、地形图等的汉字可选用楷体、黑体等其他字体。

表 1.3　长仿宋体宽度与高度关系　　　单位：mm

字高	20	14	10	7	5	3.5
字宽	14	10	7	5	3.5	2.5

分数、百分数和比例数的注写，应采用阿拉伯数字和数学符号，例如：四分之三、百分之二十五和一比二十应分别写成 3/4、25％和 1：20。当注写的数字小于 1 时，必须写出个位的"0"，小数点应采用圆点，齐基准线书写，例如 0.01。

在实际绘图操作中，图纸上所需书写的文字、数字或符号等，均应笔画清晰、字体端正、排列整齐；标点符号应清楚正确。一般常用的字体有宋体、仿宋体、新宋体、黑体等，根据计算机 Windows 操作系统中字体选择，建议选择常用的字体，以便于 CAD 图形电子文件的交流阅读。字号也即字体高度的选择，根据图形比例和字体选择进行确定选用，一般与图幅大小相匹配，便于阅读，同时保持图形与字体协调一致，主次分明。

1.1.4　家具设计 CAD 图形尺寸标注基本要求

按照《房屋建筑 CAD 制图统一规则》等国家建筑工程和家具设计制图规范的相关规定，图样上的尺寸，包括尺寸界线、尺寸线、尺寸起止符号和尺寸数字，如图 1.10 所示。

图 1.10　尺寸标注组成名称

图样上的尺寸单位，除标高及总平面以米（m）为单位外，其他必须以毫米（mm）为单位。尺寸数字一般应依据其方向注写在靠近尺寸线的上方中部。如没有足够的注写位置，最外边的尺寸数字可注写在尺寸界线的外侧，中间相邻的尺寸数字可错开注写。如图 1.11 所示。

图 1.11　尺寸数值注写位置

CAD 家具设计制图中，尺寸标注起止符号所用到的短斜线、箭头和圆点符号的数值大小，分别宜为 $e=2.0\text{mm}$、$a=5b$、$r=2\sqrt{2}\,b$（b 为图线宽度，具体数值参见前面小节相关论述），如图 1.12 所示，其中短斜线应采用中粗线。标注文本与尺寸之间的距离 h_0 不应小于 1.0mm，如图 1.13 所示。

(a) 短斜线大小要求　　　　　(b) 箭头大小要求　　　　　(c) 圆点大小要求

图 1.12　尺寸标注起止符号要求

图 1.13　标注文本的标注位置要求

用于标注尺寸的图线，除特别说明的外，应以细线绘制。尺寸界线一端距图样轮廓线 X_0 不应小于 2.0mm。另一端 X_e 宜为 3.0mm，平行排列的尺寸线的间距 L_i 宜为 7.0mm，如图 1.14 所示。

图 1.14　尺寸界线要求

角度的尺寸线应以圆弧表示。该圆弧的圆心应是该角的顶点，角的两条边为尺寸界线。

角度标注方法　　　弧长标注方法

图 1.15　角度和弧长标注方法

起止符号应以箭头表示，如没有足够位置画箭头，可用圆点代替，角度数字应按水平方向注写。标注圆弧的弧长时，尺寸线应以与该圆弧同心的圆弧线表示，尺寸界线应垂直于该圆弧的弦，起止符号用箭头表示，弧长数字上方应加注圆弧符号"⌒"。如图 1.15 所示。

坡度符号常用箭头加百分比或数值比表示，也可用直角三角形表示坡度符号，如图 1.16 所示。

（a）　　　　　　（b）　　　　　　（c）

图 1.16　坡度标注符号

标高标注应包括标高符号和标注文本，标高数字应以"米"为单位，注写到小数点以后第三位。在总平面图中，可注写到小数点以后第二位。零点标高应注写成"±0.000"，正数标高不注"＋"，负数标高应注"－"，例如"3.000"、"－0.600"。

标高符号应以直角等腰三角形表示，按图 1.17（a）所示形式用细实线绘制，如标注位置不够，也可按图 1.17（b）所示形式绘制。水平段线 L 根据需要取适当长度，高 h 取约 3.0mm。总平面图室外地坪标高符号，宜用涂黑的三角形表示，如图 1.17（c）所示。标高符号的尖端应指至被注高度的位置。尖端一般应向下，也可向上。标高数字应注写在标高符号的左侧或右侧，在图样的同一位置需表示几个不同标高时，标高数字可按并列一起形式注写，如图 1.17（d）所示。

半径的尺寸线应一端从圆心开始，另一端画箭头指向圆弧。半径数字前应加注半径符号"R"。较小圆弧、较大圆弧的半径可按图 1.18 所示形式标注。标注圆的直径尺寸时，直径数字前应加直径符号"Φ"或"ϕ"。在圆内标注的尺寸线应通过圆心，两端画箭头指至圆弧。较小圆的直径尺寸，可标注在圆外，如图 1.19 所示。

图 1.17　标高标注符号和方法

图 1.18　圆弧的半径标注　　　　图 1.19　圆的直径标注

　　定位轴线一般应编号，编号应注写在轴线端部的圆内。圆应用细实线绘制，直径 D 为 8～10mm。定位轴线圆的圆心，应在定位轴线的延长线上或延长线的折线上。定位轴线应用细点画线绘制。如图 1.20 所示。

图 1.20　定位轴线及编号标注

1.1.5　关于家具设计 CAD 图形比例

　　按照《房屋建筑 CAD 制图统一规则》等国家建筑工程和家具设计制图规范的相关规定，一般情况下，一个图样应选用一种比例。根据制图需要，同一图样也可选用两种比例。当构件的纵、横向断面尺寸相差悬殊时，可在同一详图中的纵、横向选用不同的比例绘制。轴线尺寸与构件尺寸也可选用不同的比例绘制。

图样的比例，应为图形与实物相对应的线性尺寸之比。比例的大小，是指其比值的大小，如 1∶50 大于 1∶100。比例应以阿拉伯数字表示，如 1∶1、1∶2、1∶10 等。比例宜注写在图名的右侧，字的基准线应取平；比例的字高宜比图名的字高小一号或二号。如图1.21 所示。

图 1.21　某家具立面图

1.2　家具设计 CAD 绘图计算机硬件和软件配置

家具设计 CAD 绘图，需要有相关的电脑设施（即硬件配置要求），并安装相应的操作系统与 CAD 绘图软件（即软件配置要求），二者都是家具设计 CAD 绘图的工具，缺一不可。

1.2.1　家具设计 CAD 绘图相关计算机设备

由于计算机软件功能愈来愈多，程序也愈来愈复杂，对计算机性能要求也就愈来愈高。为了实现软件运行快速流畅，需要完成的第一项任务是确保计算机满足 CAD 绘图软件运行所需要的最低系统配置要求；如果计算机系统不满足这些要求，则在 AutoCAD 使用中可能会出现一些问题，例如出现无法安装或使用起来都十分缓慢费时，甚至经常死机等现象。

若需安装 AutoCAD 2018 以上版本，建议最好采用如表 1.4 配置的计算机，以便获得更为快速的绘图操作效果。当然，若达不到以下计算机配置要求，其实也可以安装使用，只是安装了高版本 AutoCAD 的计算机运行速度可能较慢，操作需要一点耐心就行。一般而言，目前的个人计算机都可以满足安装和使用要求。安装过程中会自动检测 Windows 操作系统是 32 位（32bit）还是 64 位版本（64bit），然后安装对应位数版本的 AutoCAD。

其他相关硬件设施的配置，根据各自情况确定，如打印机、扫描仪、数码相机、刻录机等备选设备。

表 1.4　AutoCAD 2018 的系统及配置要求（参考）

AutoCAD 2018 的系统要求	
操作系统	Microsoft® Windows® 7 SP1(32 位和 64 位) Microsoft Windows 8.1(含更新 KB2919355)(32 位和 64 位) Microsoft Windows 10(仅限 64 位)(建议 1607 及更高版本)
CPU 类型	32 位:1GHz 或更高频率的 32 位(×86)处理器 64 位:1GHz 或更高频率的 64 位(×64)处理器
内存	32 位:2GB(建议使用 4GB) 64 位:4GB(建议使用 8GB)

AutoCAD 2018 的系统要求	
显示器分辨率	传统显示器:1360×768 真彩色显示器(建议使用 1920×1080) 高分辨率和 4K 显示器:在 Windows 10 的 64 位系统(配支持的显卡)上支持高达 3840×2160 的分辨率
显卡	支持 1360×768 分辨率、真彩色功能和 DirectX® 9 的 Windows 显示适配器。建议使用与 DirectX 11 兼容的显卡 支持的操作系统建议使用 DirectX 9
磁盘空间	安装 4.0GB
浏览器	Windows Internet Explorer® 11 或更高版本
网络	通过部署向导进行部署 许可服务器以及运行依赖网络许可的应用程序的所有工作站都必须运行 TCP/IP 协议 可以接受 Microsoft® 或 Novell TCP/IP 协议堆栈。工作站上的主登录可以是 Netware 或 Windows 除了应用程序支持的操作系统外,许可服务器还将在以下操作系统上运行:Windows Server® 2012、Windows Server 2012 R2 和 Windows 2008 R2 Server Edition Citrix® XenApp™ 7.6、Citrix® XenDesktop™ 7.6
指针设备	Microsoft 鼠标兼容的指针设备
数字化仪	支持 WINTAB
介质(DVD)	通过下载安装或通过 DVD 安装
工具动画演示媒体播放器	Adobe Flash Player v10 或更高版本
.NET Framework	.NET Framework 版本 4.6
关于大型数据集、点云和三维建模的其他要求	
内存	8GB 或更大 RAM
磁盘空间	6GB 可用硬盘空间(不包括安装所需的空间)
显卡	1920×1080 或更高的真彩色视频显示适配器,128MB 或更大 VRAM,Pixel Shader 3.0 或更高版本,支持 Direct3D® 的工作站级显卡

注意:如果要处理大型数据集、点云和三维建模,则建议使用 64 位操作系统;如果要使用模型文档或点云,则必须使用 64 位操作系统。

1.2.2 家具设计 CAD 绘图相关软件

(1) 推荐 CAD 绘图软件:AutoCAD 最新版本是 AutoCAD 2018,现在几乎是每年更新一个版本,目前版本是按年序标识,如 AutoCAD 2004,2008,2012,…,2016,2018 等,如图 1.22 所示为 AutoCAD 不同版本。

从 AutoCAD 2010 以后的版本,一般分为 32 位(32bit)和 64 位(64bit)版本两种类型。安装过程中会自动检测 Windows 操作系统是 32 位还是 64 位版本,然后安装相应版本的 AutoCAD。不能在 32 位系统上安装 64 位版本的 AutoCAD,反之亦然。

(2) 推荐计算机操作系统:建议采用以下操作系统的 Service Pack(SP3、SP2、SP1)或更高版本:Microsoft® Windows® XP、Windows Vista®、Windows 7、Windows 8.1、Windows 10 等。

AutoCAD 的版本越高,对操作系统和计算机的硬件配置要求也越高。采用高版本操作系统,不仅其操作使用简捷明了,而且运行 AutoCAD 速度也会相对加快,操作起来更为流畅。建议采用较高版本的 AutoCAD 与 Windows 操作系统,二者位数版本要一致。注意

(a) AutoCAD 2004版本

(b) AutoCAD 2011版本

(c) AutoCAD 2014版本

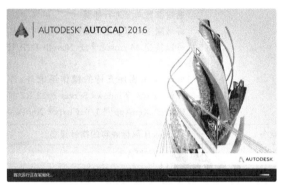
(d) AutoCAD 2016版本

图 1.22　AutoCAD 不同版本示意

AutoCAD 2017 以后版本要求 Windows 7 以上操作系统。

安装了 AutoCAD 以后，单击其快捷图标将进入 AutoCAD 绘图环境。其提供的操作界面非常友好，与 Windows XP、Windows Vista、Windows 7、Windows 8、Windows 10 等风格一致，功能也更强大。

1.3　AutoCAD 软件安装方法简述

1.3.1　AutoCAD 软件简介

AutoCAD，即 Auto Computer Aided Design 的简称，是美国 Autodesk（欧特克）有限公司（简称"欧特克"或"Autodesk"）的通用计算机辅助设计软件。其在建筑、家具设计、机械、电子、航天、船舶、轻工、化工、石油和地质等诸多工程领域已得到广泛的应用。AutoCAD 是集施工一体化、功能丰富而且面向未来的世界领先设计软件，为全球工程领域的专业设计师们创立更加高效和富有灵活性以及互联性的新一代设计标准，标志着工程设计师们共享设计信息资源的传统方式有了重大突破，AutoCAD 已完成向互联网应用体系的全面升级，也极大地提高了工程设计效率与设计水平。

AutoCAD 的第 1 个版本——AutoCAD R1.0 版本是 1982 年 12 月发布的，至今已进行了多次的更新换代，从 AutoCAD R14 到现在最新版本 AutoCAD 2018 等版本，其版本是按年编号，版本更新发展迅速。其中比较经典的几个版本应算 AutoCAD R12、AutoCAD R14、AutoCAD 2000、AutoCAD 2004、AutoCAD 2010、AutoCAD 2012，这几个版本每次功能都有较为显著的变化，可以看作是不同阶段的里程碑，如图 1.23 所示。若要随时获得有关 Autodesk 公司及其软件产品的具体信息，可以访问其英文网站（http：//usa. autodesk. com）或访问其中文网站（http：//www. autodesk. com. cn）。AutoCAD 从二维绘图、工作效率、可用性、自动化、三维设计、三维模型出图等各方面推陈出新，不断进步，已经从当初的简单绘图平台发展成为了综合的设计平台。

(a) R14版本   (b) 2010版本

图 1.23 AutoCAD 经典版本

相比其他版本，2012 年 5 月发布的 AutoCAD 2013 版本（图 1.24）系列产品提供了多种全新的功能和高效设计工具，帮助用户显著提升草图绘制、详细设计和设计修订的速度，该版本软件新增的主要功能介绍如下。

(a) 2012版本   (b) 2013版本

图 1.24 AutoCAD2012 及 2013 版本

AutoCAD 2013 在多个方面进行了改进，其中最主要的改进在于模型出图和点云支持。模型出图功能使用户可以把他们在 AutoCAD、Inventor 及其他主流三维 CAD 软件中创建的三维模型用 AutoCAD 方便地创建三视图、轴测图和剖面图等加工图/施工图。点云支持的改进增加了更多的主流点云文件格式，支持强度着色和裁剪。在 AutoCAD 2013 中客户还可以访问 Apps Store，在其中可以获取世界各地的二次开发商提供的灵活精巧的工具插件。在 AutoCAD 中，用户可以很便捷地访问 Autodesk 360 云服务，运用这些服务储存、分享设计数据，在云服务中渲染模型，通过云服务同步软件配置等。AutoCAD 2013 也在用户界面、方案模型探索等其他多个方面有多种改进。

目前 AutoCAD 新版本是 2017 年 3 月 22 日发布的 AutoCAD 2018 版本（图 1.25）。

图 1.25 最新版本 AutoCAD 2018

1.3.2 AutoCAD 快速安装方法

本节结合新版 AutoCAD 2018 介绍其快速安装方法（其他版本如 AutoCAD 2010～AutoCAD 2017 等版本的安装方法与此类似，参考 AutoCAD 2018 安装过程即可）。将 AutoCAD 2018 软件光盘插入到计算机的光盘驱动器中或使用 U 盘插入电脑进行安装。

点击桌面打开"我的电脑"，在相应的盘号中打开：

"D：AutoCAD＿2018＿Simplified＿Chinese＿Win＿64bit＿dlm"文件夹，双击其中的安装图标文件"setup. exe"或"install. exe"即开始进行安装。AutoCAD 2018 典型安装需要约 4G 左右硬盘空间，软件较大。若 Windows 7 以上系统提示"要允许以下程序对此计算机进行更改吗?"点击"是（Y）"。将出现"安装初始化"提示，然后即进入安装操作界面按下面提示进行操作即可，见图 1.26。

图 1.26 安装初始化后提示

（1）点击"安装（在此计算机上安装)"。然后选择计算机所在国家/地区，选择接受许可协议中"我接受（A）"，单击"下一步"。用户必须接受协议才能继续安装。注意如果不同意许可协议的条款并希望终止安装，请单击"取消"，见图 1.27。

（2）在弹出"配置安装"界面上，勾取要安装的产品内容，包括 Autodesk AutoCAD 2018、Autodesk ReCap、A360 Desktop 等，可以按"默认"，也可以取消勾取。选择语言或接受默认语言为中文，选择设置安装路径。若不修改，按系统默认典型安装，一般安装在系统目录"C：\ Program \ Autodesk \"。若修改，单击"配置"更改相应配置（例如，安装类型、安装可选工具或更改安装路径），然后按提示单击"配置完成"返回安装操作界面。

图 1.27　安装过程选择

然后单击"安装"开始安装 AutoCAD（注：在 AutoCAD 安装中，不同电脑的 Windows 系统可能会要求计算机安装".NET Framework 4.6"，点击选择"要安装更新该产品"即可），见图 1.28。

图 1.28　安装提示

（3）安装进行中，系统自动安装所需要的文件（产品），时间可能稍长，安装速度与计算机硬件配置水平有关，见图 1.29。

图 1.29　安装进行中

（4）安装完成，提示"您已成功安装选定产品"。点击"完成"屏幕将弹出提示"必须重新启动系统，以便配置修改生效"。可以点击"Y"或"N"，见图 1.30。

（5）双击 AutoCAD 2018 桌面图标，启动 AutoCAD 2018，进入初始化及加载页面，见图 1.31。

（6）若安装有早期版本 AutoCAD，系统将弹出"移植自定义设置"及"AutoCAD-DWG 关联"。按需要勾取或全部不选择均可，最后点击"确定 ◎"。此项属于 AutoCAD 比较高版本（例如 2017 版本以上）才具有的新功能特性，见图 1.32。

图 1.30 安装完成

图 1.31 点击启动 CAD 软件

图 1.32 DWG 关联提示

（7）接着 AutoCAD 2018 将弹出产品许可类型选择页面。一般选择"输入序列号"。在隐私声明页面点击"我同意"后弹出的"产品许可激活"中点击"激活 A"，需购买并输入激活码后，完成安装，可以使用。否则是试用版本，有 30 天时间限制（30 day trial），见图 1.33。

（8）在 autodesk 许可激活页面中输入序列号及密钥，点击"下一步"。再选择"我具有 autodesk 提供的激活码"输入激活码将进行软件产品激活。若选择网络激活，则点击"下一步"将提示"立即连接并激活"和"使用脱机方法激活"，按提示进行操作即可。激活成功后单击"完成"，AutoCAD 软件完成安装，可以使用该软件进行绘图操作，见图 1.34。

（9）可以通过下列方式启动 AutoCAD 2018，见图 1.35。

a. 双击 AutoCAD 桌面快捷方式图标"AutoCAD 2018-简体中文（Simplified Chinese）"；

图 1.33 安装激活提示

图 1.34 激活产品成功

(a) AutoCAD启动图标

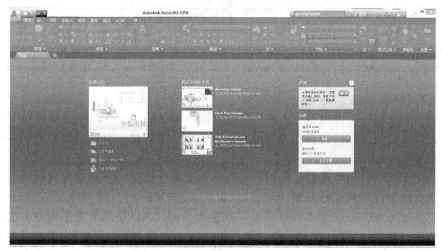

(b) 初始界面(AutoCAD 2018版本)

图 1.35 启动和使用 AutoCAD

安装 AutoCAD 时，将在桌面上自动创建一个 AutoCAD 快捷方式图标（除非用户在安装过程中清除了该选项），双击 AutoCAD 图标可启动该程序。

b. 点击开始程序中或应用中的"AutoCAD 2018-简体中文（Simplified Chinese）"。

c. AutoCAD 的安装位置文件夹内，点击"acad"图标。

1.4 新版 AutoCAD 2018 使用简介

AutoCAD 版本是按年编号的，Autodesk 公司几乎每年都推出新版本，版本更新发展迅速频繁，目前新版本 AutoCAD 2018 版本（其实为 R22.0 版本），于 2017 年 3 月推出。AutoCAD 2018 版本支持 Windows 7.0 以上版本操作系统，也即不再支持 Window XP 系统。本节将对 AutoCAD 2018 版本与 AutoCAD 2017 及更早版本不同之处进行简要介绍。AutoCAD 2018 其他使用及操作方法与早期版本基本是一致的，无本质区别，在操作中参考早期版本的操作使用即可。

1.4.1 AutoCAD 2018 操作界面简介

双击 AutoCAD 2018 桌面快捷方式图标"AutoCAD 2018-简体中文（Simplified Chinese）"启动 AutoCAD 2018 软件，弹出初始界面后，点击中间区域左上的"开始绘制"图框，进入 CAD 界面（图 1.36）。

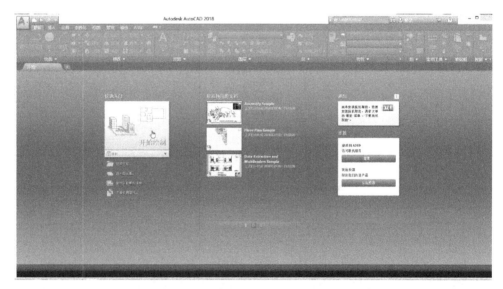

图 1.36　启动 AutoCAD2018 后的操作界面

点击"开始绘制"后即可进入 CAD 绘图操作界面（图 1.37）。注意操作界面默认的颜色为黑色，为便于阅读，已将操作界面的背景颜色修改为白色，其颜色修改方法参考第 2 章 2.1 节相关内容。

自 AutoCAD 2015 版本开始，绘图界面默认模式做了改变，不再是经典模式。通过以下步骤，很快就能创建经典工作界面。

（1）对 AutoCAD 2017 版本操作界面，切换为 AutoCAD 经典菜单模式的方法：点击左上角的"草图与注释/工作空间"右侧三角下拉按钮，选择"显示菜单栏/隐藏菜单栏"即可得到熟悉的传统操作界面——AutoCAD 经典。其他功能面板的显示控制，可以在区域任意位置点击右键，选择勾取进行关闭或打开显示，即可得到类似"AutoCAD 经典"模式操作界面。

图 1.37 AutoCAD2017 绘图界面

（2）AutoCAD 2018 版本操作界面切换为 AutoCAD 经典菜单模式的方法如下。

a. 在 AutoCAD 2018 操作界面左上角单击快速启动栏的按钮 ，在下拉菜单中单击"显示菜单栏"命令（图 1.38）。再次单击快速启动栏的按钮 ，在下拉菜单中单击"隐藏菜单栏"命令，或者在菜单栏工具条上右击，单击"显示菜单栏"，则系统不显示经典菜单栏。

图 1.38 "切换工作空间"选项

b. 经过上一步操作后，系统显示经典菜单栏，包含"文件、编辑、视图、插入、格式、工具、绘图、标注、修改、参数、窗口、帮助"，见图 1.39。

1.4.2 AutoCAD 2018 主要功能命令菜单简介

点击 AutoCAD 2018 左上角的"A"大图标，为 AutoCAD 2018 图形文件基本操作菜单，包括打开文件、保存文件、输入输出文件、发布打印文件等功能命令以及最近使用图形文件历史记录。A 图标右侧最上面一栏为自定义快速访问工具栏，与前述文件菜单功能基本一致，见图 1.40。

（1）点击 AutoCAD 2018 上部操作菜单中"默认"命令选项，屏幕将在下侧显示相关命令功能面板。该菜单选项包括绘图、修改、注释、图层、图块、特性、组、实用工具、剪贴板、视图等基本功能命令栏（各个命令栏的大部分功能命令操作与早期版本一致，可参考后面章节讲述，后同此），见图 1.41。

图 1.39　操作界面显示经典菜单栏

图 1.40　AutoCAD2018 快捷文件操作

图 1.41　"默认"命令选项

（2）点击 AutoCAD 2018 上部操作菜单中"插入"命令选项，屏幕将在下侧显示相关命令功能面板。该菜单选项包括块、块定义、参照、点云、输入、数据、链接和提取、位置及内容等基本功能命令，部分功能为新增功能，如输入 PDF；部分功能为互联网分享功能，如位置等，见图 1.42。

图 1.42　"插入"命令选项

（3）点击 AutoCAD 2018 上部操作菜单中"注释"命令选项，屏幕将在下侧显示相关命令功能面板。该菜单选项包括文字、标注、中心线、引线、表格、标记及注释缩放等基本功能命令，见图 1.43。

（4）点击 AutoCAD 2018 上部操作菜单中"参数化"命令选项，屏幕将在下侧显示相关命令功能面板。该菜单选项包括几何、标注及管理等基本功能命令，见图 1.44。

图 1.43 "注释"命令选项

图 1.44 "参数化"命令选项

（5）点击 AutoCAD 2018 上部操作菜单中"视图"命令选项，屏幕将在下侧显示相关命令功能面板。该菜单选项包括视口工具、模型视口、选项板、界面等基本功能命令，见图 1.45。

图 1.45 "视图"命令选项

（6）点击 AutoCAD 2018 上部操作菜单中"管理"命令选项，屏幕将在下侧显示相关命令功能面板。该菜单选项包括动作录制器、自定义设置、应用程序及 CAD 标准等基本功能命令。动作录制器为新增功能，可以对图形绘制过程进行录制为动画播放，适合于互联网沟通分享。注意其录制文件为宏文件 *.actm 格式，见图 1.46。

图 1.46 "管理"命令选项

（7）分别点击 AutoCAD 2018 上部操作菜单中"输出"命令选项，屏幕将在下侧显示相关命令功能面板，包括打印、预览、输出 PDF 格式文件等功能命令，见图 1.47。

图 1.47 "输出"命令选项

（8）分别点击 AutoCAD 2018 上部操作菜单中"附加模块"、"A360"、"精选应用"等命令选项，屏幕将在下侧显示相关命令功能面板。这些菜单对应的基本功能命令在一般的绘图中不常用，其重点在于加强互联网的分享功能，在这里不做进一步讲述，见图 1.48。

图 1.48 "附加模块"等命令选项

1.4.3　AutoCAD 2017/2018 高版本新特性及新功能简介

1.4.3.1　AutoCAD 2017 的新特性、新功能

AutoCAD 2017 的新特性、新功能主要包括如下内容。

（1）智能中心线和中心标记。

创建和编辑中心线与中心标记十分简单。移动关联对象时，中心线和中心标记会自动与对象一起移动，见图1.49。智能中心线和中心标记具体操作方法讲解如下。

图 1.49　智能中心线和中心标记

① 创建圆心标记：

点击菜单栏中的"注释"命令选项，在"中心线"选项栏中选择"圆心标记"或在命令栏中直接输入命令"CENTERMARK"或"CM"（注：命令字母不区分大小写）。移动圆形或圆弧图形时，圆心标记同步移动。见图1.50。

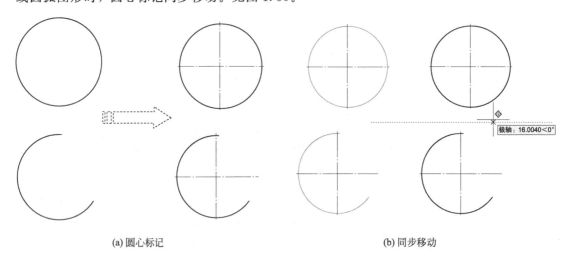

(a) 圆心标记　　　　　　　　　　　　　　(b) 同步移动

图 1.50　创建圆心标记

命令：CENTERMARK

选择要添加圆心标记的圆或圆弧：

选择要添加圆心标记的圆或圆弧：

② 创建中心线：

点击菜单栏中的"注释"命令选项，在"中心线"选项栏中选择"中心线"或在命令栏中直接输入命令"CENTERLINE"或"CL"（注：命令字母不区分大小写）。移动圆形或圆弧图形时，中心线同步移动。此功能可以用来进行快速角度等分，见图 1.51。

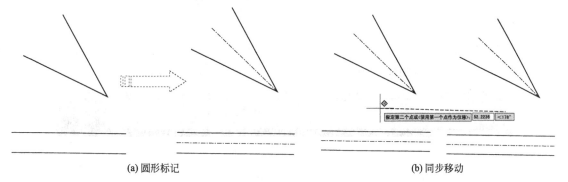

(a) 圆形标记   (b) 同步移动

图 1.51　创建中心线

命令：CENTERLINE
选择第一条直线：
选择第二条直线：

（2）导入 PDF。

PDF 已添加到"导入文件"格式中。将几何图形、TrueType 文字和光栅图像作为 AutoCAD 对象从 PDF 文件或参考底图导入图形，见图 1.52。输入 PDF 图形文件具体操作方法讲解如下。

图 1.52　导入 PDF

点击菜单栏中的"插入"命令选项，在"输入"选项栏中选择"PDF 输入"或在命令栏中直接输入命令"PDFIMPORT"（注：命令字母不区分大小写）。回车后在弹出的对话框中选择要插入的 PDF 文件，然后在屏幕中点击指定插入位置等。使用此功能，可以将 PDF 图形自动转换为 CAD 图线，快速得到 DWG 图形，见图 1.53。

(a) 选择PDF文件

(b) 设置文件参数

(c) 点击确定插入位置

图 1.53　输入 PDF 图形文件

命令：PDFIMPORT

选择 PDF 参考底图或［文件（F）］＜文件＞：（回车 Enter 选择 PDF 文件）

指定插入点＜0，0＞：正在输入 PDF 文件的第 1 页：D：＼新书 2015＼Book＼office-ok-Mode2l. PDF...

（3）增强的协调模型。

直接在 AutoCAD 中附加和查看 Navisworks 和 BIM360 Glue（英文）模型。新增的功能可使用标准二维端点和中心对象捕捉，完成对附着协调模型的精确位置捕捉，见图 1.54。

图 1.54　协调模型

（4）AutoCAD 360 Pro 移动应用程序。

AutoCAD 360 Pro 现在附于固定期限的使用许可中。此应用程序可随时随地充分利用 AutoCAD 的强大功能。在各个移动设备之间绘制、编辑和查看二维 CAD 图形，在现场更准确地测量图形，从各类云存储服务（Google Drive、Dropbox 等）存取图形。脱机工作并在重新联机后同步更改，见图 1.55。

图 1.55　AutoCAD 360 Pro 移动应用程序

（5）共享设计视图。

在云中共享二维和三维 CAD 图形。审阅者无需登录或甚至无需基于 AutoCAD 的产品即可查看图形，并且无法替换 DWG™ 源文件，见图 1.56。

图 1.56　共享设计视图

（6）增强的三维打印。

三维打印有多个选项可供选择：将三维模型发送到外部三维打印服务；或安装 Print Studio 工具，从而连接到三维打印机或创建打印文件以供将来使用，见图 1.57。

（7）增强的移植工具。

轻松移植先前版本中的自定义设置和文件。软件会自动检测到相关设置，可以选择要移植的具体内容，见图 1.58。

图 1.57 增强的三维打印

图 1.58 增强的移植工具

（8）欧特克桌面应用程序。

获取有关软件更新的相关通知，同时不会中断工作流。教程可帮助您充分利用新功能。借助产品特定技巧、内容库等更多内容学习相关技能，见图 1.59。

1.4.3.2 AutoCAD 2018 的新特性、新功能

AutoCAD 2018 软件包含 AutoCAD 2017 版本增强功能和新功能，如外部参照路径修复和 SHX 字体文件识别等。

（1）PDF 导入增强功能。

从 AutoCAD 图形生成的 PDF 文件（包含 SHX 文字）可以将文字存储为几何对象。可以使用 PDFSHXTEXT 命令将 SHX 几何图形重新转换为文字，现在 AutoCAD 2018 包含一个选项来使用"最佳匹配 SHX 字体"。TXT2MTXT 命令已通过多项改进得到增强，包括用于强制执行均匀行距的选项。将几何图形从 PDF 中导入图形，包括 SHX 字体文件、填充、光栅图像和 TrueType 文字。见图 1.60。

图 1.59　增强的移植工具	图 1.60　PDF 导入增强功能

（2）外部文件参考增强功能。

外部参照的默认路径类型现已设置为"相对"。有两个新路径选项可用："选择新路径"和"查找并替换"。使用工具修复外部参考文件中断开的路径，节省时间并最大程度减少挫败感。可以将任意图形文件附着到当前图形中作为外部参照。附着的外部参照将链接到所指定图形文件的模型空间。当打开参照图形或者重新加载外部参照时，对该图形所做的更改将自动反映在当前图形中。附着的外部参照不会显著增加当前图形的大小。主命令和系统变量为 EXTERNALREFERENCES、REFPATHTYPE。见图 1.61。

图 1.61　外部文件参考增强功能

（3）对象选择增强功能。

该功能可以将选定图形对象保持在选择集中，即使在进行平移、缩放等操作时还可以保持。

可通过单击单个对象来选择、从左到右拖动光标以选择完全封闭在选择矩形或套索（窗口选择）中的所有对象、从右到左拖动光标以选择由选择矩形或套索（窗交选择）相交的所有对象，按 Enter 键结束对象选择。见图 1.62。

（4）文本转换为多行文本增强功能。

该功能将文本和多行文本对象的组合转换为单个多行文本对象。对于较长的输入项或需要特殊格式的文字，可以使用多行文字。多行文本支持见图 1.63：

● 文字换行；

● 设置段落中的单个字符、单词或短语的格式；

● 栏；

图 1.62 对象选择增强功能

- 文字换行;
- 设置段落中的单个字符、单词或短语的格式;
- 栏;
- 堆叠文字;
- 项目符号和编号列表;
- 制表符和缩进。

图 1.63 文本转换为多行文本增强功能

- 堆叠文字;
- 项目符号和编号列表;
- 制表符和缩进。

（5）用户界面增强功能。

该功能使用常用对话框和工具栏直观地工作。保存在文件导航浏览器中的排序顺序，改进了保存性能，改进了二维图形（稳定性、保真度、性能），改进了三维导航的性能。见图 1.64。

图 1.64 用户界面增强功能

（6）共享设计视图增强功能。

该功能将图形的设计视图发布到安全的位置，以供在 Web 浏览器中查看和共享。可以通过 Autodesk A360 从任意具有 Web 浏览器并且能访问 Internet 的计算机联机传输、编辑和管理 AutoCAD 视图和图形。"共享设计视图"功能提供了一种快速方法：只传输 DWG 文件视图而不会发布 DWG 文件本身。见图 1.65。

图 1.65　共享设计视图增强功能

（7）高分辨率 4K 显示器支持。

即使在 4K 和更高分辨率的显示器上，也可享受最佳的查看体验。在 AutoCAD 2018 中对高分辨率显示器的支持继续得到改进。200 多个对话框和其他用户界面元素已经更新，以确保在高分辨率（4K）显示器上的高质量视觉体验。示例包括"编辑图层状态"、"插入表格"对话框以及 Visual LISP 编辑器。在 Windows 10 的 64 位系统（配支持的显卡）上支持高达 3840×2160 的分辨率。

高分辨率（4K）监视器支持光标、导航栏和 UCS 图标等用户界面元素，可正确显示在高分辨率（4K）显示器上。对大多数对话框、选项板和工具栏进行了适当调整，以适应 Windows 显示比例设置。为了获得最佳效果，由于操作系统限制，请使用 Windows 10，并使用支持 DX11 的图形卡。

（8）AutoCAD 移动应用程序。

使用 AutoCAD 移动应用程序在移动设备上查看、创建、编辑和共享 CAD 图形。

（9）REGEN3（命令）。

在图形中重新生成视图，以修复三维实体和曲面显示中的异常问题。当出现三维显示问题时，REGEN3 会在显示的视图中重新生成所有的三维图形，包括所有的三维实体和曲面细分。

1.5　新版 AutoCAD 2019 简述

1.5.1　AutoCAD 2019 简介

AutoCAD 2019 版本（图 1.66）于 2018 年第二季度发布，同时发布对应的如下行业专业化工具组合：

- AutoCAD　Architecture
- AutoCAD　Electrical Design
- AutoCAD　Map 3D
- AutoCAD　Mechanical Design

- AutoCAD　MEP（机械、电气和管道）
- AutoCAD　Plant 3D，包括 P&ID 功能
- AutoCAD　Raster Design

图 1.66　AutoCAD 2019 版本

1.5.2　AutoCAD 2019 新特性及新功能简介

（1）共享视图：

功能命令：SHAREDVIEWS、SHAREVIEW

绘图者可以在组织内部或外部与客户和同事共享设计，而无需发布图形文件。此功能替代了 2019 以前版本的"共享设计视图"。

"共享视图"功能（图 1.67）从当前图形中提取设计数据，绘图者将其存储在云中，并生成可与同事和客户共享的链接。"共享视图"选项板显示所有共享视图的列表，绘图者可以在其中访问注释、删除视图或将其有效期延长至超过其 30 天的寿命。

图 1.67　"共享视图"功能

当绘图者的同事或客户收到来自绘图者的链接时，可以使用从其 Web 浏览器运行的 Autodesk 查看器对来自任意联网 PC、平板电脑或移动设备的视图进行查看、审阅、添加注释和标记。

（2）保存到 AutoCAD Web 和 Mobile（此功能仅适用于 64 位系统）：

功能命令：OPENFROMWEBMOBILE、SAVETOWEBMOBILE

绘图者可以从全球提供 Internet 访问的任何远程位置，在任何桌面、Web 或移动设备上使用 Autodesk Web 和 Mobile 联机打开并保存图形。可以使用新命令（"保存到 Web 和 Mobile"和"从 Web 和 Mobile 中打开"，如图 1.68 所示）访问联机图形文件。

图 1.68　保存到 AutoCAD Web 和 Mobile

在完成安装 AutoCAD 系统提示安装的应用程序后，即可从接入 Internet 的任何设备（如在现场使用平板电脑，或在远程位置使用台式机）查看和编辑图形。订购 AutoCAD 固定期限的使用许可后，可以获得从 Web 和移动设备进行编辑的功能。

（3）DWG 比较：

功能命令：COMPARE、COMPAREINFO

使用"DWG 比较"功能，可以在模型空间中亮显相同图形或不同图形的两个修订之间的差异。使用颜色，可以区分每个图形所独有的对象和通用的对象。绘图者可以通过关闭对象的图层将对象排除在外。如图 1.69 所示。

图 1.69　"DWG 比较"功能

（4）网络安全：

不断研究、识别和关闭潜在的安全漏洞。对基于 AutoCAD 2019 的产品，引入了一个新的系统变量 SECUREREMOTEACCESS，它可以设置为限制从 Internet 或远程服务器位置访问文件。

由于持续和不断增加的网络安全威胁，AutoCAD 安全功能团队继续强烈建议软件使用者，当 AutoCAD 系列产品更新可用时，请安装所有更新。

（5）性能计划：

针对此 2019 版本，Autodesk 投入了与专用于提高软件性能的新 AutoCAD 功能相当的软件工程资源。其他工作将继续提高二维和三维图形性能。性能提高会有显著的差异，具体取决于系统资源和图形的大小和内容。

1.5.3　AutoCAD 2019 系统要求

AutoCAD 2019 及其专业化工具组合系统要求如表 1.5 所示。

表 1.5　AutoCAD 2019 专业化工具组合系统要求

操作系统	Microsoft® Windows® 7 SP1(含更新 KB4019990)(32 位和 64 位)
	Microsoft Windows 8.1(含更新 KB2919355)(32 位和 64 位)
	Microsoft Windows 10 周年更新(仅限 64 位)(版本 1607 或更高版本)
处理器	基本要求:2.5~2.9GHz 处理器
	建议:3+GHz 处理器

内存	基本要求：8GB 建议：16GB
显示器分辨率	传统显示器： 1920×1080 真彩色显示器 高分辨率和4K显示器： 在 Windows 10 64 位系统(配支持的显卡)上支持高达 3840×2160 的分辨率
显卡	基本要求：1GB GPU，具有 29GB/s 带宽，与 DirectX 11 兼容 建议：4GB GPU，具有 106 GB/s 带宽，与 DirectX 11 兼容
磁盘空间	6.0GB
浏览器	Google Chrome™
网络	通过部署向导进行部署 许可服务器以及运行依赖网络许可的应用程序的所有工作站都必须运行 TCP/IP 协议 可以接受 Microsoft® 或 Novell TCP/IP 协议堆栈。工作站上的主登录可以是 Netware 或 Windows 除了应用程序支持的操作系统外，许可服务器还将在以下操作系统上运行：Windows Server® 2016、Windows Server 2012、Windows Server 2012 R2 和 Windows Server 2008 R2 Edition Citrix® XenApp™ 7.6、Citrix® XenDesktop™ 7.6
指针设备	Microsoft 鼠标兼容的指针设备
. NET Framework	. NET Framework 版本 4.7

1.5.4 关于 AutoCAD 2019 使用

AutoCAD 更新换代较快，基本是每年升级一个版本的速度进行更新。无论如何更新，主要核心绘图及编辑修改功能还是那些基本的操作命令，包括：点、各种线条、各种基本平面图形绘制命令；删除、复制和移动等修改功能命令。

其实，掌握了其中以前某个 AutoCAD 版本（如 AutoCAD 2012/2014/2016）的使用方法，无论后面 AutoCAD 如何升级更新，都能够很快适应新版本的操作，做到熟练使用，应对自如。因此，对各个专业的 CAD 初学者来说，可以先选择其中一个版本如 AutoCAD 2012/2014/2016 进行学习，撇开最新的版本，一样是可以快速学习掌握 CAD 绘图技能而不过时的。

第2章

家具设计CAD绘图基本使用方法

Chapter 2

本章主要介绍家具设计 AutoCAD 绘图操作界面布局、相关操作功能分布区域、相关基本系统参数设置；文件新建立、已有文件打开、文件存储和关闭等各种基本操作（注：因目前有相当部分读者还在使用早期版本，本书将结合 AutoCAD 2014 以前版本及 2016 版本为例进行操作，AutoCAD 2010～AutoCAD 2018 等各个版本基本操作与此基本相同或类似。同时对 AutoCAD 2017/2018 高版本新增加的特别功能命令，参见第 1 章、第 3 章中相关章节的专门介绍）。学习使用 CAD 进行家具设计绘图和文件制作，得从其基本使用方法起步，心急不得，逐步深入，很快就会上手了。

2.1 AutoCAD 使用快速入门起步

AutoCAD 新版的操作界面风格与 Windows 系统和 Office 等软件基本一致，使用更为直观方便，比较符合人体视觉要求。熟悉其绘图环境和掌握基本操作方法，是学习使用 AutoCAD 的基础。

2.1.1 进入 AutoCAD 绘图操作界面

安装了 AutoCAD 以后，双击其快捷图标即可进入 AutoCAD 绘图操作界面，进入的 AutoCAD 初始界面在新版本中默认"草图与注释"绘图空间模式及"欢迎"对话框，如图 2.1 所示。AutoCAD 提供的操作界面非常友好，功能也更强大。初次启动 CAD 时可以使用系统默认的相关参数即可。该模式界面操作区域显示默认状态为黑色，可以将其修改为白色等其他颜色界面（具体修改方法参见后面相关内容）。

新版本默认的"草图与注释"绘图空间模式，与传统版本的布局样式有所不同，对以前的使用者可能有点不习惯；AutoCAD 2014 以前版本可以点击左上角或右下角"切换工作空间"按钮，在弹出的菜单中选择"AutoCAD 经典"模式，即可得到与以前版本一样的操作界面，如图 2.2 所示。工作空间是由分组的菜单、工具栏、选项板和功能区控制面板组成的集合，使用户可以在专门的、面向任务的绘图环境中工作；使用工作空间时，只会显示与任务相关的菜单、工具栏和选项板（注：箭头"⇒"表示操作前后顺序，以后表述同此）。对 AutoCAD 2016 版本操作界面，切换为 AutoCAD 经典的方法是点击左上角的"工作空间"右侧三角下拉按钮，选择"显示菜单栏"即可。其他功能面板的显示控制，可以在区域任意位置点击右键，选择勾取进行关闭或打开显示，即可得到类似"AutoCAD 经典"模式的操作界面。

(a) AutoCAD2013版本操作界面

(b) "切换工作空间"操作界面

图 2.1 CAD 常见操作界面

(a) "草图与注释"模式

(b) 经典模式

图 2.2 AutoCAD 2016 版本操作界面

为便于学习和与前面各种版本衔接，本书还是采用"AutoCAD 经典"模式进行讲述，掌握了这种基本模式，其他各种模式操作是类似的，很容易掌握使用。如图 2.3 所示为 AutoCAD 经典绘图模式，该模式操作区域界面显示默认状态为黑色，为清晰起见，改为白色界面（具体修改方法参见后面相关详细讲述）。其中的网格可以点击最下一栏中间位置的"网格显示"工具即可开启、关闭网格（或按 F7 键即可）。

图 2.3　CAD 绘图操作界面布局（AutoCAD 经典，AutoCAD 2010～2016 版本界面类似）

若操作界面上出现的一些默认工具面板，一时还使用不到，可以先将其逐一关闭。若需使用，再通过【工具】下拉菜单中的"工具栏"将其打开即可。或在菜单栏任意位置点击右键，在快捷菜单上选取需要的工具栏即可显示，见图 2.4。

图 2.4　关闭、启动工具面板方法

2.1.2　AutoCAD 绘图环境基本设置

2.1.2.1　操作区域背景显示颜色设置

单击【工具】下拉菜单，选择其中的"选项"，在弹出的"选项"对话框中，单击"显示"栏，再单击"颜色"按钮，弹出的"图形窗口颜色"对话框中即可设置操作区域背景显示颜色，单击"应用并关闭"按钮返回前一对话框，最后单击"确定"按钮即可完成设置。如图 2.5、图 2.6 所示。背景颜色根据个人绘图习惯设置，一般为白色或黑色。

图 2.5　背景颜色设置方法

图 2.6　设置不同操作区域背景颜色

2.1.2.2　自动保存和备份文件设置

AutoCAD 提供了图形文件自动保存和备份功能（即创建备份副本），这有助于确保图形数据的安全，出现问题时，用户可以恢复图形备份文件。

备份文件设置方法是，点击【工具】下拉菜单，在"选项"对话框的"打开和保存"选项卡中，可以指定在保存图形时创建备份文件。执行此操作后，每次保存图形时，图形的早期版本将保存为具有相同名称并带有扩展名 .bak 的文件，该备份文件与图形文件位于同一个文件夹中。通过将 Windows 资源管理器中的 .bak 文件重命名为带有 .dwg 扩展名的文件，可以恢复为备份版本。如图 2.7 所示。

图 2.7　自动保存和备份文件设置

自动保存即是以指定的时间间隔自动保存当前操作图形。启用了"自动保存"选项，将以指定的时间间隔保存图形。默认情况下，系统为自动保存的文件临时指定名称为"filename _ a _ b _ nnnn. sv＄"。

其中：filename 为当前图形名，a 为在同一工作任务中打开同一图形实例的次数，b 为在不同工作任务中打开同一图形实例的次数，nnnn 为随机数字。这些临时文件在图形正常关闭时自动删除。出现程序故障或电压故障时，不会删除这些文件，要从自动保存的文件恢复图形的早期版本，通过使用扩展名 ＊. dwg 代替扩展名 ＊. sv＄ 来重命名文件，然后再关闭程序。自动保存的类似信息显示：

命令：

自动保存到 C：＼Documents and Settings＼Administrator＼local
settings＼temp＼Drawing1 _ 1 _ 1 _ 9192. sv＄...

2.1.2.3 图形文件 dwg 保存格式类型

点击【工具】下拉菜单，在"选项"对话框的"打开和保存"选项卡中，新版 AutoCAD 2018 保存 dwg 图形文件的格式有所增加，主要包括：

AutoCAD 2018. dwg、AutoCAD 2013. dwg、AutoCAD 2000. dwg、AutoCAD R14. dwg 等不同版本 dwg 格式。如图 2.8(a) 所示。

另外，在"文件"下拉菜单中，点击"另存为（A）"，在弹出的"图形另存为"对话框中，在"文件类型"中选择 dwg 格式，包括 dwg＼dws＼dxf＼dwt 等多种格式类型，如图 2.8(b) 所示。

(a)"打开和保存"选项卡　　　　　(b)"图形另存为"对话框

图 2.8　dwg 保存格式类型

2.1.2.4 图形文件密码设置

图形文件密码设置，是向图形添加密码并保存图形后，只有输入密码才能打开图形文件。注意密码设置只适用于当前图形。

依次单击【工具】下拉菜单选择"选项"。在"选项"对话框的"打开和保存"选项卡中，单击"安全选项"。在"安全选项"对话框的"密码"选项卡中输入密码，然后单击"确定"。接着在"确认密码"对话框中输入使用的密码再单击"确定"。保存图形文件后，密码生效。如图 2.9 左图所示。

要打开使用该图形文件，需输入密码，如图 2.9 右图所示。如果密码丢失，将无法重新获得图形文件和密码，因此在向图形添加密码之前，应该创建一个不带密码保护的备份。

2.1.2.5 图形单位设置

开始绘图前，必须基于要绘制的图形确定一个图形单位代表的实际大小，创建的所有对象都是根据图形单位进行测量的，然后据此约定创建实际大小的图形。例如，一个图形单位

图 2.9　图形文件加密和使用

的距离通常表示实际单位的 1mm（毫米）、1cm（厘米）、1in（英寸）或 1ft（英尺）。

　　图形单位设置方法是单击【格式】下拉菜单选择"单位"。在弹出的"图形单位"对话框中即可设置长度、角度和插入比例等相关单位和精度数值，如图 2.10 所示。

图 2.10　图形单位设置

　　（1）长度的类型一般设置为小数，长度精度数值为 0。设置测量单位的当前格式。该值包括"建筑"、"小数"、"工程"、"分数"和"科学"。其中，"工程"和"建筑"格式提供英尺和英寸显示并假定每个图形单位表示一英寸，其他格式可表示任何真实世界单位，如 m（米）、mm（毫米）等。

　　（2）角度的类型一般采用十进制度数，也可以采用其他类型。十进制度数以十进制数表示，百分度附带一个小写 g 后缀，弧度附带一个小写 r 后缀。度/分/秒格式用 d 表示度，用′表示分，用″表示秒。以顺时针方向计算正的角度值，默认的正角度方向是逆时针方向。当提示用户输入角度时，可以单击所需方向或输入角度，而不必考虑"顺时针"设置。

　　（3）插入比例是控制插入到当前图形中的块和图形的测量单位。如果块或图形创建时使用的单位与该选项指定的单位不同，则在插入这些块或图形时，对其按比例缩放。插入比例是源块或图形使用的单位与目标图形使用的单位之比。如果插入块时不按指定单位缩放，请选择"无单位"。

　　（4）光源控制为当前图形中用于指定光源强度的单位，不常用，可以使用默认值即可。

　　（5）方向控制。主要是设置零角度的方向作为基准角度。

2.1.2.6　不同图形单位转换

　　如果按某一度量衡系统（英制或公制）创建图形，然后希望转换到另一系统，则需要使用"SCALE"功能命令按适当的转换系数缩放模型几何体，以获得准确的距离和标注。

　　例如，要将创建图形的单位从 in（英寸）转换为 cm（厘米），可以按 2.54 的系数缩放模型几何体。要将图形单位从厘米转换为英寸，则比例因子为 1/2.54 或大约 0.3937。

2.1.2.7　图形界限设置

　　图形界限设置实质是指设置并控制栅格显示的界限，并非设置绘图区域边界。一般地，

AutoCAD 的绘图区域是无限的，可以任意绘制图形，不受边界约束。

图形界限设置方法是单击【格式】下拉菜单选择"图形界限"，或在命令提示下输入 limits。然后指定界限的左下角点和右上角点即完成设置。该图形界限具体仅是 1 个图形辅助绘图点阵显示范围，如图 2.11 所示。

2.1.2.8 控制主栅格线的频率

栅格是点或线的矩阵，遍布指定为栅格界限的整个区域。使用栅格类似于在图形下放置一张坐标纸。利用栅格可以对齐对象并直观显示对象之间的距离。可以将栅格显示为点矩阵或线矩阵。对于所有视觉样式，栅格均显示为线。仅在当前视觉样式设定为"二维线框"时栅格才显示为点。默认情况下，在二维和三维环境中工作时都会显示线栅格。打印图纸时不打印栅格。如果栅格以线而非点显示，则颜色较深的线（称为主栅格线）将间隔显示。在以小数单位或英尺和英寸绘图时，主栅格线对于快速测量距离尤其有用。可以在"草图设置"对话框中控制主栅格线的频率。如图 2.12 所示。

图 2.11　图形界限设置　　　　图 2.12　主栅格线的频率

要关闭主栅格线的显示，请将主栅格线的频率设定为 1。

2.1.2.9 文件自动保存格式设置

在对图形进行处理时，应当经常进行保存。图形文件的文件扩展名为 .dwg，除非更改保存图形文件所使用的默认文件格式，否则将使用最新的图形文件格式保存图形。AutoCAD 默认文件格式是"AutoCAD 2010 图形（＊.dwg）"，这个格式版本较高，若使用低于 AutoCAD 2010 版本的软件如 AutoCAD 2004 版本，图形文件不能打开。因此可以将图形文件设置为稍低版本格式，如"AutoCAD 2000 图形（＊.dwg）"。

具体设置方法是：单击【格式】下拉菜单选择"选项"命令，在弹出的"选项"对话框出现"打开和保存"栏，对其中的"文件保存"下方"另存为"进行选择即可进行设置为不同的格式，然后单击确定按钮，AutoCAD 图形保存默认文件格式将改变为所设置的格式。如图 2.13 所示。

2.1.2.10 绘图比例设置

在进行 CAD 绘图时，一般是按 1∶1 进行绘制，即实际尺寸是多少，绘图绘制多少，例如：轴距为 6000mm，在绘图时绘制 6000，如图 2.14 所示。所需绘图比例在通过打印输出时，在打印比例设定所需要的比例大小，详细内容参考后面打印输出相关章节。对于详图或节点大样图，可以先将其放大相同的倍数后再进行绘制，例如细部为 6mm，在绘图时可以放大 10 倍，绘制 60mm，然后在打印时按相应比例控制输出即可，详细内容参考后面打印输出相关章节。

(a) AutoCAD 2014以前版本

(b) AutoCAD 2015以后版本

图 2.13　图形保存格式设置

图 2.14　可按实际尺寸绘图

按图形实际尺寸绘制，单位可以米 (m)/毫米 (mm) 等。

2.1.2.11　当前文字样式设置

在图形中输入文字时，当前的文字样式决定输入文字的字体、字号、角度、方向和其他文字特征，图形中的所有文字都具有与之相关联的文字样式。输入文字时，程序将使用当前文字样式。当前文字样式用于设置字体、字号、倾斜角度、方向和其他文字特征。如果要使用其他文字样式来创建文字，可以将其他文字样式置于当前。

设置方法是单击【格式】下拉菜单选择"文字样式"命令，在弹出"文字样式"对话框中进行设置，包括样式、字体、字高等，然后单击"置为当前"按钮，再依次单击"应用"、"关闭"按钮即可。如图 2.15 所示。

图 2.15　文字样式设置

2.1.2.12　当前标注样式设置

标注样式是标注设置的命名集合，可用来控制标注的外观，如箭头样式、文字位置和尺寸公差等。可以通过更改设置控制标注的外观，同时为了便于使用、维护标注标准，可以将这些设置存储在标注样式中。在进行尺寸标注时，所标注尺寸将使用当前标注样式中的设置；如果要修改标注样式中的设置，则图形中的所有标注将自动使用更新后的样式。

设置方法是：单击【格式】下拉菜单选择"标注样式"命令，在弹出"标注样式"对话框中单击"修改"按钮弹出"修改标注样式"进行设置，依次单击相应的栏，包括线、符号和箭头、文字、主单位等，根据图幅大小设置合适的数值，然后单击"确定"按钮返回上一窗口，再依次单击"置为当前"、"关闭"按钮即可。如图 2.16 所示。

图 2.16　标注样式依次设置

若调整修改后标注等显示效果不合适，重复上述操作，继续修改调整其中的数据参数，直至合适为止，如图 2.17 所示。

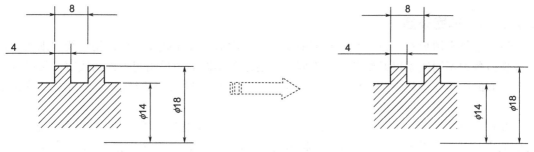

图 2.17　不同标注样式显示效果

2.1.2.13　绘图捕捉设置

使用对象捕捉可指定对象上的精确位置。例如，使用对象捕捉可以绘制到圆心或多段线中点的直线。不论何时提示输入点，都可以指定对象捕捉。默认情况下，当光标移到对象的对象捕捉位置时，将显示标记和工具提示，如图 2.18 所示。

绘图捕捉设置方法：

（1）依次单击【工具（T）】→菜单→草图设置（F）；在"草图设置"对话框中的"对象捕捉"选项卡上，选择要使用的对象捕捉，最后单击"确定"即可。

(a) 捕捉位置显示

(b) 捕捉对象显示

图 2.18　捕捉显示示意

（2）也可以在屏幕下侧，单击"对象捕捉"按钮，再在弹出的快捷菜单中选择设置，如图 2.19 所示。

图 2.19　捕捉设置

2.1.2.14　线宽设置

线宽是指定图形对象以及某些类型的文字的宽度值。使用线宽，可以用粗线和细线清楚地表现出各种不同线条以及细节上的不同，也通过为不同的图层指定不同的线宽，可以轻松得到不同的图形线条效果。一般情况下，需要选择了状态栏上的"显示/隐藏线宽"按钮进行开启，否则一般在屏幕上将不显示线宽。

线宽设置方法是：单击【格式】下拉菜单选择"线宽"命令，在弹出"线宽设置"对话框中相关按钮进行设置，如图 2.20 所示。若勾取"显示线宽"选项后，屏幕将显示

图 2.20　线宽设置

线条宽度，包括各种相关线条，如图 2.21 所示。具有线宽的对象将以指定线宽值的精确宽度打印。

图 2.21　各种线条及文字都显示线宽

需要说明的是，在模型空间中，线宽以像素为单位显示，并且在缩放时不发生变化。因此，在模型空间中精确表示对象的宽度时不应该使用线宽。例如，如果要绘制一个实际宽度为 0.5mm 的对象，不能使用线宽，而应用宽度为 0.5mm 的多段线表示对象。

指定图层线宽的方法是：依次单击【工具】下拉菜单选择"选项板"，然后选择"图层"面板，弹出图层特性管理器，单击与该图层关联的线宽；在"线宽"对话框的列表中选择线宽；最后单击"确定"关闭各个对话框。如图 2.22 所示。

图 2.22　指定图层线宽

2.1.2.15　坐标系可见性和位置设置

屏幕中的坐标系可以显示或关闭不显示。打开或关闭 UCS 图标显示的方法是依次单击视图（V）→显示（L）→UCS 图标（U）→开（O），复选标记指示图标是开还是关。

UCS 坐标系一般将在 UCS 原点或当前视口的左下角显示 UCS 图标，要在这两者之间位置进行切换，可以通过依次单击"视图→显示 UCS 坐标→原点"切换。如果图标显示在当前 UCS 的原点处，则图标中有一个加号（＋）。如果图标显示在视口的左下角，则图标中没有加号。如图 2.23 所示。

图 2.23　坐标系显示位置设置

2.2　AutoCAD 绘图文件操作基本方法

2.2.1　建立新 CAD 图形文件

启动 AutoCAD 后，可以通过如下几种方式创建一个新的 AutoCAD 图形文件：

■【文件】下拉菜单：选择【文件】下拉菜单的【新建】命令选项。

■ 在"命令："命令行下输入 NEW（或 new）或 N（或 n），不区分大小写。

■ 使用标准工具栏：单击左上"新建"或标准工具栏中的"新建"命令图标按钮。

■ 直接使用"Ctrl＋N"快捷键。

执行上述操作后，在弹出的"选择样板"对话框中，可以选取"acad"文件或使用默认样板文件直接单击"打开"按钮即可，如图 2.24 所示。

图 2.24　建立新图形文件

2.2.2　打开已有 CAD 图形

启动 AutoCAD 后，可以通过如下几种方式打开一个已有的 AutoCAD 图形文件：

■ 打开【文件】下拉菜单，选择【打开】命令选项。

■ 使用标准工具栏：单击标准工具栏中的"打开"命令图标。

■ 在"命令："命令行下输入 OPEN 或 open。

■ 直接使用"Ctrl＋O"快捷键。

执行上述操作后，在弹出的"选择文件"对话框中，在"查找范围"中单击选取文件所在位置，然后选中要打开的图形文件，最后单击"打开"按钮即可，如图 2.25 所示。

2.2.3　保存 CAD 图形

启动 AutoCAD 后，可以通过如下几种方式保存绘制好的 AutoCAD 图形文件：

图 2.25　打开已有图形

■ 单击【文件】下拉菜单选择其中的【保存】命令选项。

■ 使用标准工具栏：单击标准工具栏中的"保存"命令图标。

■ 在"命令:"命令行下输入 SAVE 或 save。

■ 直接使用"Ctrl＋S"快捷键。

执行上述操作后，弹出的"图形另存为"对话框中，在"保存于"中单击选取要保存的文件位置，然后输入图形文件名称，最后单击"保存"按钮即可，如图 2.26 所示。对于非首次保存的图形，CAD 不再提示上述内容，而是直接保存图形。

图 2.26　保存图形

若以另外一个名字保存图形文件，可以通过单击【文件】下拉菜单的选择"另存为"命令选项。执行"另存为"命令后，AutoCAD 将弹出图形如图 2.26 所示对话框，操作与前述保存操作相同。

2.2.4　关闭 CAD 图形

启动 AutoCAD 后，可以通过如下几种方式关闭图形文件：

■ 在【文件】下拉菜单中选择【关闭】命令选项。

■ 在"命令:"命令行下输入 CLOSE 或 close。

■ 单击图形右上角的"×"，如图 2.27 所示。

图 2.27　单击"×"关闭图形

图 2.28　AutoCAD 询问提示

执行"关闭"命令后，若该图形没有存盘，AutoCAD 将弹出警告"是否将改动保存到 ＊＊＊＊＊.dwg?"，提醒需不需要保存图形文件。选择"是（Y）"，将保存当前图形并关闭它，选择"否（N）"将不保存图形直接关闭它，选择"取消"表示取消关闭当前图形的操作，如图 2.28 所示。

2.2.5 退出 AutoCAD 软件

可以通过如下方法实现退出 AutoCAD：
- 从【文件】下拉菜单中选择【退出】命令选项。
- 在"命令:"命令行下输入 EXIT 或 exit 后回车。
- 在"命令:"命令行下输入 QUIT（退出）或 quit 后回车。
- 单击图形右上角最上边的"×"，如图 2.28 所示。

2.2.6 同时打开多个 CAD 图形文件

AutoCAD 支持同时打开多个图形文件，若需在不同图形文件窗口之间切换，可以打开"窗口"下拉菜单，选择需要打开的文件名称即可，如图 2.29 所示。

图 2.29 不同图形文件窗口切换

2.3 常用 AutoCAD 绘图辅助控制功能

2.3.1 CAD 绘图动态输入控制

"动态输入"在光标附近提供了一个命令界面，以帮助用户专注于绘图区域。动态输入有 3 个组件：指针输入、标注输入和动态提示。打开动态输入时，工具提示将在光标旁边显示信息，该信息会随光标移动动态更新。当某命令处于活动状态时，工具提示将为用户提供输入的位置。在输入字段中输入值并按【TAB】键后，该字段将显示一个锁定图标，并且光标会受用户输入的值约束。随后可以在第二个输入字段中输入值。另外，如果用户输入值然后按【ENTER】键，则第二个输入字段将被忽略，且该值将被视为直接距离输入，如图 2.30 所示。单击底部状态栏上的动态输入按钮图标以打开和关闭动态输入，也可以按下【F12】键临时关闭/启动动态输入。

图 2.30 动态输入操作显示

对动态显示可以通过设置进行控制。在底部状态栏上的动态输入按钮图标上单击鼠标右键，然后单击"设置"以控制在启用"动态输入"时每个部件所显示的内容，可以设置指针输入、标注输入、动态提示等事项内容，如图 2.31 所示。

(a) 动态设置对话框　　　　　　　　(b) 标注输入动态显示

图 2.31 动态输入控制

2.3.2 正交模式控制

约束光标在水平方向或垂直方向移动。在正交模式下，光标移动限制在水平或垂直方向上（相对于当前 UCS 坐标系，将平行于 UCS 的 X 轴的方向定义为水平方向，将平行于 Y 轴的方向定义为垂直方向）。如图 2.32 所示。

图 2.32 正交模式控制

在绘图和编辑过程中，可以随时打开或关闭"正交"。输入坐标或指定对象捕捉时将忽略"正交"模式。要临时打开或关闭"正交"模式，请按住临时替代键【Shift】（使用临时替代键时，无法使用直接距离输入方法）。要控制正交模式，单击底部状态栏上的"正交模式"按钮图标以启动和关闭正交模式，也可以按下【F8】键临时关闭/启动"正交模式"。

2.3.3 绘图对象捕捉追踪控制

对象捕捉追踪是指可以按照指定的角度或按照与其他对象的特定关系绘制对象，自动追踪包括两个追踪选项：极轴追踪和对象捕捉追踪。需要注意必须设置对象捕捉，才能从对象的捕捉点进行追踪，如图2.33所示。例如，在以下插图中，启用了"端点"对象捕捉：

（1）单击直线的起点（a）开始绘制直线；

（2）将光标移动到另一条直线的端点（b）处获取该点；

（3）然后沿水平对齐路径移动光标，定位要绘制直线的端点（c）。

可以通过单击底部状态栏上的"极轴"或"对象追踪"按钮打开或关闭自动追踪。也可以按下【F11】键临时关闭/启动"对象追踪"。

图2.33 对象捕捉追踪控制

2.3.4 二维对象绘图捕捉方法（精确定位方法）

二维对象捕捉方式有端点、中点、圆心等多种，如图2.34所示，在绘制图形时一定要

图2.34 二维对象绘图捕捉方式

掌握，可以精确定位绘图位置。常用的捕捉方法如下所述。捕捉方式可以用于绘制图形时准确定位，使得所绘制图形快速定位于相应的位置点。

（1）端点捕捉是指捕捉到圆弧、椭圆弧、直线、多行、多段线线段、样条曲线、面域或射线最近的端点，或捕捉宽线、实体或三维面域的最近角点，如图2.35(a) 所示。

（2）中点捕捉是指捕捉到圆弧、椭圆、椭圆弧、直线、多行、多段线线段、面域、实体、样条曲线或参照线的中点，如图2.35(b) 所示。

(a) 端点捕捉　　　　　　　(b) 中点捕捉　　　　　　　(c) 中心点捕捉

图2.35 捕捉形式示意

（3）中心点捕捉是指捕捉到圆弧、圆、椭圆或椭圆弧的中心点，如图 2.35(c) 所示。

（4）交点捕捉是指捕捉到圆弧、圆、椭圆、椭圆弧、直线、多行、多段线、射线、面域、样条曲线或参照线的交点。延伸捕捉，当光标经过对象的端点时，显示临时延长线或圆弧，以便用户在延长线或圆弧上指定点。"延伸交点"不能用作执行对象捕捉模式。"交点"和"延伸交点"不能和三维实体的边或角点一起使用。外观交点捕捉是指不在同一平面但在当前视图中看起来可能相交的两个对象的视觉交点。"延伸外观交点"不能用作执行对象捕捉模式。"外观交点"和"延伸外观交点"不能和三维实体的边或角点一起使用，如图 2.36 所示。

(a) 延伸交点　　　　(b) 交点

图 2.36　交点捕捉　　　　　　图 2.37　象限捕捉

（5）象限捕捉是指捕捉到圆弧、圆、椭圆或椭圆弧的象限点，如图 2.37 所示。

（6）垂足捕捉是指捕捉圆弧、圆、椭圆、椭圆弧、直线、多线、多段线、射线、面域、实体、样条曲线或构造线的垂足，如图 2.38 所示。

图 2.38　垂足捕捉　　　　图 2.39　切点捕捉　　　　图 2.40　最近点捕捉

（7）当正在绘制的对象需要捕捉多个垂足时，将自动打开"递延垂足"捕捉模式。可以用直线、圆弧、圆、多段线、射线、参照线、多行或三维实体的边作为绘制垂直线的基础对象。可以用"递延垂足"在这些对象之间绘制垂直线。当靶框经过"递延垂足"捕捉点时，将显示 AutoSnap 工具提示和标记。

（8）切点捕捉是指捕捉到圆弧、圆、椭圆、椭圆弧或样条曲线的切点。当正在绘制的对象需要捕捉多个垂足时，将自动打开"递延垂足"捕捉模式。可以使用"递延切点"来绘制与圆弧、多段线圆弧或圆相切的直线或构造线。当靶框经过"递延切点"捕捉点时，将显示标记和 AutoSnap 工具提示。当用自选项结合"切点"捕捉模式来绘制除开始于圆弧或圆的直线以外的对象时，第一个绘制的点是与在绘图区域最后选定的点相关的圆弧或圆的切点。如图 2.39 所示。

（9）最近点捕捉是指捕捉到圆弧、圆、椭圆、椭圆弧、直线、多行、点、多段线、射线、样条曲线或参照线距离当前光标位置的最近点，如图 2.40 所示。

2.3.5　控制重叠图形显示次序

重叠对象（例如文字、宽多段线和实体填充多边形）通常按其创建次序显示，新创建的对象显示在现有对象前面。可以使用 DRAWORDER 改变所有对象的绘图次序（显示和打印次序），使用 TEXTTOFRONT 可以更改图形中所有文字和标注的绘图次序。

依次单击图形对象，然后单击右键，弹出快捷菜单，选择绘图次序，根据需要选择"置于对象之上"和"置于对象之下"等相应选项，如图 2.41 所示。

图 2.41 控制图形显示次序

2.4 AutoCAD 绘图快速操作方法

2.4.1 全屏显示方法

"全屏显示"是指屏幕上仅显示菜单栏、"模型"选项卡和布局选项卡（位于图形底部）、状态栏和命令行。"全屏显示"按钮位于应用程序状态栏的右下角，使用鼠标直接单击该按钮图标即可实现开启或关闭"全屏显示"。或打开"视图"下拉菜单选择"全屏显示"即可。如图 2.42 所示。

(a) 一般显示绘图环境

(b) 全屏显示绘图环境

图 2.42 全屏显示

2.4.2 视图控制方法

视图控制只是对图形在屏幕上显示的位置进行改变和控制，并不更改图形中对象的位置和大小等。可以通过以下方法移动或缩放视图：

■ 缩放屏幕视图范围：前后转动鼠标中间的轮子即可；或者不选定任何对象，在绘图区域单击鼠标右键，在弹出的快捷菜单中选择"缩放"，然后拖动鼠标即可进行。

■ 平移屏幕视图范围：不选定任何对象，在绘图区域单击鼠标右键，在弹出的快捷菜单中选择"平移"，然后拖动鼠标即可进行，如图 2.43 所示。

图 2.43 视图控制

■ 在"命令"输入"ZOOM 或 Z"（缩放视图）、"PAN 或 P"（平移视图）。

■ 单击"标准"工具栏上的"实时缩放"或"实时平移"按钮，也可以单击底部状态栏上的"缩放"、"平移"，即图标 。

要随时停止平移视图或缩放视图，请按【ENTER】键或【ESC】键。

2.4.3 键盘【F1】~【F12】功能键使用方法

AutoCAD 系统设置了一些键盘上的【F1】～【F12】键功能，其各自功能作用如下：

（1）【F1】键 按下【F1】键，AutoCAD 提供帮助窗口，可以查询功能命令、操作指南等帮助说明文字，如图 2.44 所示。

图 2.44 【F1】键提供帮助功能

图 2.45 【F2】键显示命令文本窗口

（2）【F2】键 按下【F2】键，AutoCAD 弹出显示命令文本窗口，可以查看操作命令历史记录过程，如图 2.45 所示。

（3）【F3】键 开启、关闭对象捕捉功能。按下【F3】键，AutoCAD 控制绘图对象捕捉进行切换，再按一下【F3】，关闭对象捕捉功能，再按一下，启动对象捕捉功能，如图 2.46 所示。

图 2.46 【F3】键控制捕捉功能

图 2.47 【F4】键开关三维对象捕捉

（4）【F4】键 开启、关闭三维对象捕捉功能，如图 2.47 所示。

（5）【F5】键 按下【F5】键，AutoCAD 提供切换等轴测平面不同视图，包括等轴测平面俯视、等轴测平面右视、等轴测平面左视。这在绘制等轴测图时使用，如图 2.48 所示。

- 左平面。捕捉和栅格沿90°和150°轴对齐。
- 上平面。捕捉和栅格沿30°和150°轴对齐。
- 右平面。捕捉和栅格沿30°和90°轴对齐。

图 2.48 【F5】键切换等轴测平面不同视图

（6）【F6】键 按下【F6】键，AutoCAD 控制开启或关闭动态 UCS 坐标系，这在绘制三维图形使用 UCS 用。

（7）【F7】键 按下【F7】键，AutoCAD 控制显示或隐藏格栅线，如图 2.49 所示。

图 2.49 【F7】键显示或隐藏格栅

（8）【F8】键 按下【F8】键，AutoCAD 控制绘图时图形线条是否为水平/垂直方向或倾斜方向，称为正交模式控制，如图 2.50 所示。

（9）【F9】键 按下【F9】键，AutoCAD 控制绘图时通过指定栅格距离大小设置进行

图 2.50 【F8】键控制捕捉功能

捕捉。与【F3】键不同,【F9】控制捕捉位置是不可见矩形栅格距离位置,以限制光标仅在指定的 X 和 Y 间隔内移动。打开或关闭此种捕捉模式,可以通过单击状态栏上的"捕捉模式"、按【F9】键,或使用 SNAPMODE 系统变量,来打开或关闭捕捉模式,如图 2.51所示。

图 2.51 【F9】键控制格栅捕捉

(10)【F10】 按下【F10】键,AutoCAD 控制开启或关闭极轴追踪模式(极轴追踪是指光标将按指定的极轴距离增量进行移动),如图 2.52 所示。

图 2.52 【F10】键控制开启或关闭极轴追踪模式功能

(11)【F11】 按下【F11】键,AutoCAD 控制开启或关闭对象捕捉追踪模式,如图 2.53 所示。

(12)【F12】 按下【F12】键,AutoCAD 控制开启或关闭动态输入模式,如图 2.54 所示。

图 2.53 【F11】控制对象捕捉追踪

(a) 关闭动态输入　　　　　　　(b) 开启动态输入

图 2.54 【F12】键控制动态输入功能

2.4.4 AutoCAD 功能命令别名（简写或缩写形式）

AutoCAD 软件绘图的各种功能命令是使用英语单词形式，即使是 AutoCAD 中文版也是如此，不能使用中文命令进行输入操作。例如，绘制直线的功能命令是"line"，输入的命令是"line"，不能使用中文"直线"作为命令输入。

另外，AutoCAD 软件绘图的各种功能命令不区分大小写，功能相同，在输入功能命令时可以使用大写字母，也可以使用小写字母。例如，输入绘制直线的功能命令时，可以使用"LINE"，也可以使用"line"，输入形式如下：

命令：LINE

或

命令：line

AutoCAD 软件提供多种方式启动各种功能命令。一般可以通过以下 3 种方式执行相应的功能命令：

■ 打开下拉菜单选择相应的功能命令选项。

■ 单击相应工具栏上的相应功能命令图标。

■ 在"命令："命令行提示下直接输入相应功能命令的英文字母（注：不能使用中文汉字作为命令输入）。

命令别名是在命令提示下代替整个命令名而输入的缩写或简写。例如，可以输入"c"

代替"circle"来启动 CIRCLE 命令。别名与键盘快捷键不同，快捷键是多个按键的组合，例如 SAVE 的快捷键是 CTRL＋S。

具体地说，在使用 AutoCAD 软件绘图的各种功能命令时，部分绘图和编辑等功能命令可以使用其缩写形式代替，二者作用完全相同。例如，绘制直线的功能命令"line"，其缩写形式为"l"，在输入可以使用"LINE"或"line"，也可以使用"L"或"l"，它们作用完全相同。

AutoCAD 软件常用的绘图和编辑功能命令别名（缩写形式）主要如表 2.1 所列。

表 2.1　AutoCAD 软件常用的绘图和编辑功能命令别名（缩写形式）

序号	功能命令全称	命令缩写形式	功能作用
1	ALIGN	AL	在二维和三维空间中将对象与其他对象对齐
2	ARC	A	创建圆弧
3	AREA	AA	计算对象或所定义区域的面积和周长
4	ARRAY	AR	创建按图形中对象的多个副本
5	BHATCH	H 或 BH	使用填充图案或渐变填充来填充封闭区域或选定对象
6	BLOCK	B	从选定的对象中创建一个块定义
7	BREAK	BR	在两点之间打断选定对象
8	CHAMFER	CHA	给对象加倒角
9	CHANGE	－CH	更改现有对象的特性
10	CIRCLE	C	创建圆
11	COPY	CO 或 CP	在指定方向上按指定距离复制对象
12	DDEDIT	ED	编辑单行文字、标注文字、属性定义和功能控制边框
13	DDVPOINT	VP	设置三维观察方向
14	DIMBASELINE	DBA	从上一个标注或选定标注的基线处创建线性标注、角度标注或坐标标注
15	DIMALIGNED	DAL	创建对齐线性标注
16	DIMANGULAR	DAN	创建角度标注
17	DIMCENTER	DCE	创建圆和圆弧的圆心标记或中心线
18	DIMCONTINUE	DCO	创建从先前创建的标注的尺寸界线开始的标注
19	DIMDIAMETER	DDI	为圆或圆弧创建直径标注
20	DIMEDIT	DED	编辑标注文字和尺寸界线
21	DIMLINEAR	DLI	创建线性标注
22	DIMRADIUS	DRA	为圆或圆弧创建半径标注
23	DIST	DI	测量两点之间的距离和角度
24	DIVIDE	DIV	创建沿对象的长度或周长等间隔排列的点对象或块
25	DONUT	DO	创建实心圆或较宽的环
26	DSVIEWER	AV	打开"鸟瞰视图"窗口
27	DVIEW	DV	使用相机和目标来定义平行投影或透视视图
28	ELLIPSE	EL	创建椭圆或椭圆弧
29	ERASE	E	从图形中删除对象
30	EXPLODE	X	将复合对象分解为其组件对象
31	EXPORT	EXP	以其他文件格式保存图形中的对象
32	EXTEND	EX	扩展对象以与其他对象的边相接
33	EXTRUDE	EXT	通过延伸对象的尺寸创建三维实体或曲面
34	FILLET	F	给对象加圆角
35	HIDE	HI	重生成不显示隐藏线的三维线框模型
36	IMPORT	IMP	将不同格式的文件输入当前图形中

序号	功能命令全称	命令缩写形式	功能作用
37	INSERT	I	将块或图形插入当前图形中
38	LAYER	LA	管理图层和图层特性
39	LEADER	LEAD	创建连接注释与特征的线
40	LENGTHEN	LEN	更改对象的长度和圆弧的包含角
41	LINE	L	创建直线段
42	LINETYPE	LT	加载、设置和修改线型
43	LIST	LI	为选定对象显示特性数据
44	LTSCALE	LTS	设定全局线型比例因子
45	LWEIGHT	LW	设置当前线宽、线宽显示选项和线宽单位
46	MATCHPROP	MA	将选定对象的特性应用于其他对象
47	MIRROR	MI	创建选定对象的镜像副本
48	MLINE	ML	创建多条平行线
49	MOVE	M	在指定方向上按指定距离移动对象
50	MTEXT	MT 或 T	创建多行文字对象
51	OFFSET	O	创建同心圆、平行线和平行曲线
52	PAN	P	将视图平面移到屏幕上
53	PEDIT	PE	编辑多段线和三维多边形网格
54	PLINE	PL	创建二维多段线
55	POINT	PO	创建点对象
56	POLYGON	POL	创建等边闭合多段线
57	PROPERTIES	CH	控制现有对象的特性
58	PURGE	PU	删除图形中未使用的项目,例如块定义和图层
59	RECTANG	REC	创建矩形多段线
60	REDO	U	恢复上一个用 UNDO 或 U 命令放弃的效果
61	REDRAW	R	刷新当前视口中的显示
62	REVOLVE	REV	通过绕轴扫掠对象创建三维实体或曲面
63	ROTATE	RO	绕基点旋转对象
64	SCALE	SC	放大或缩小选定对象,使缩放后对象的比例保持不变
65	SECTION	SEC	使用平面和实体、曲面或网格的交集创建面域
66	SLICE	SL	通过剖切或分割现有对象,创建新的三维实体和曲面
67	SOLID	SO	创建实体填充的三角形和四边形
68	SPLINE	SPL	创建通过拟合点或接近控制点的平滑曲线
69	SPLINEDIT	SPE	编辑样条曲线或样条曲线拟合多段线
70	STRETCH	S	拉伸与选择窗口或多边形交叉的对象
71	STYLE	ST	创建、修改或指定文字样式
72	SUBTRACT	SU	通过减法操作来合并选定的三维实体或二维面域
73	TORUS	TOR	创建圆环形的三维实体
74	TRIM	TR	修剪对象以与其他对象的边相接
75	UNION	UNI	通过加操作来合并选定的三维实体、曲面或二维面域
76	UNITS	UN	控制坐标和角度的显示格式和精度
77	VIEW	V	保存和恢复命名视图、相机视图、布局视图和预设视图
78	VPOINT	VP	设置图形的三维可视化观察方向
79	WBLOCK	W	将对象或块写入新图形文件
80	WEDGE	WE	创建三维实体楔体

2.5 AutoCAD 图形坐标系

在命令提示输入点时，可以使用定点设备指定点，也可以在命令提示下输入坐标值。打开动态输入时，可以在光标旁边的工具提示中输入坐标值。可以按照笛卡尔坐标 (X，Y) 或极坐标输入二维坐标。笛卡尔坐标系有三个轴，即 X、Y 和 Z 轴。输入坐标值时，需要指示沿 X、Y 和 Z 轴相对于坐标系原点 (0，0，0) 点的距离（以单位表示）及其方向（正或负）。在二维中，在 XY 平面（也称为工作平面）上指定点。工作平面类似于平铺的网格纸。笛卡尔坐标的 X 值指定水平距离，Y 值指定垂直距离。原点 (0，0) 表示两轴相交的位置。极坐标使用距离和角度来定位点。使用笛卡尔坐标和极坐标，均可以基于原点 (0，0) 输入绝对坐标，或基于上一指定点输入相对坐标。输入相对坐标的另一种方法是：通过移动光标指定方向，然后直接输入距离。此方法称为直接距离输入。可以用科学、小数、工程、建筑或分数格式输入坐标。可以使用百分度、弧度、勘测单位或度/分/秒输入角度。UNITS 命令控制单位的格式。

AutoCAD 图形的位置是由坐标系来确定的，AutoCAD 环境下使用两个坐标系，即世界坐标系、用户坐标系。

一般地，AutoCAD 以屏幕的左下角为坐标原点 O (0，0，0)，X 轴为水平轴，向右为正；Y 轴为垂直轴，向上为正；Z 轴则根据右手规则确定，垂直于 XOY 平面，指向使用者，如图 2.55(a) 所示。这样的坐标系称为世界坐标系（World Coordinate System），简称 WCS，有时又称通用坐标系，世界坐标系是固定不变的。AutoCAD 允许根据绘图时的不同需要，建立自己专用的坐标系，即用户坐标系（User Coordinate System），简称 UCS，用户坐标系主要在三维绘图时使用。如果图标显示在当前 UCS 的原点处，则图标中有一个加号（+）。如果图标显示在视口的左下角，则图标中没有加号。常见的 AutoCAD 的 UCS 图标如图 2.55(b) 所示。通过指定原点和一个或多个绕 X、Y 或 Z 轴的旋转，可以定义任意的 UCS，如图 2.55(c) 所示。

2.5.1 AutoCAD 坐标系设置

(1) 坐标系的形式　AutoCAD 在屏幕上最常见的坐标系表示形式，如图 2.56 所示。在 AutoCAD 环境下进行图形绘制时，可以采用绝对直角坐标、相对直角坐标、相对极坐标、球坐标或柱坐标等方法确定点的位置，后两种坐标在三维坐标系中使用，在此不详细论述。

可以使 AutoCAD 显示或隐藏其坐标系图标。坐标显示的设置可由如下两种方法实现。

■ 在"命令:"下输入 UCSICON 命令，即：

命令：UCSICON（控制坐标系图标显示）

输入选项 [开 (ON)/关 (OFF)/全部 (A)/非原点 (N)/原点 (OR)/特性 (P)] <开>：
（输入 ON 或 OFF 控制显示）

■ 打开【视图】下拉菜单，选择【显示】命令。接着选择【UCS 图标】命令，最后选择【开】命令在开/关进行切换。

(2) 坐标显示　在屏幕的左下角状态栏中，AutoCAD 提供了一组用逗号隔开的数字，从左至右分别代表 X 轴、Y 轴和 Z 轴的坐标值。如图 2.57 所示。当移动鼠标时，坐标值将随着变化，状态栏中所显示的坐标值是光标的当前位置。在二维坐标系下，随着光标的移动，(X，Y) 数值不断发生变化，而 Z 值保持一定的稳定性。

(a) AutoCAD 方向确定原则

二维UCS图标　　　三维UCS图标　　　着色UCS图标　　　WCS上的三维UCS

WCS上的二维UCS　　二维UCS折断的　　二维UCS的右侧　　三维UCS的仰视图
　　　　　　　　　　　铅笔　　　　　　　视图

(b) 常见UCS图标

世界坐标系　　　绕X轴的旋转　　　绕Y轴的旋转　　　绕Z轴的旋转
　　　　　　　　角度=90　　　　　角度=90　　　　　角度=90

世界坐标系　　　绕X轴的旋转　　　绕Y轴的旋转　　　绕Z轴的旋转
　　　　　　　　角度=90　　　　　角度=90　　　　　角度=90

(c) 定义AutoCAD任意的 UCS

图 2.55　AutoCAD 坐标

图 2.56　常见坐标系形式

图 2.57　坐标值（X，Y，Z）

2.5.2　绝对直角坐标

AutoCAD 通过直接输入坐标值（X，Y，Z）在屏幕上上确定唯一的点位置，该坐标（X，Y，Z）是相对于坐标系原点（0，0，0）的，称为绝对直角坐标。在二维平面条件下，只需考虑 X、Y 的坐标值即可，Z 的值恒为 0，即（X，Y）。

AutoCAD 绝对直角坐标的输入方法为：在命令提示后通过键盘直接以"X，Y"形式输入，例如图 2.58 所示的直线 AB。若坐标数值为负，则直线的方向与正值相反。

图 2.58　使用绝对直角坐标

图 2.59　使用相对直角坐标

命令：LINE（输入绘制直线 AB 命令）

指定第一点：6，8（输入直线起点 A 的坐标值）

指定下一点或［放弃（U）］：12，28（输入直线终点 B 的坐标值）

指定下一点或［放弃（U）］：（回车结束）

2.5.3　相对直角坐标

除了绝对外直角坐标，AutoCAD 还可以利用"@X，Y，Z"方法可精确地设定点的位置。"@X，Y，Z"表示相对于上一个点分别在 X，Y，Z 方向的距离。这样的坐标称为相对直角坐标。在二维平面环境（XOY 平面）下绘制图形对象，可以不考虑 Z 坐标，AutoCAD 将 Z 坐标保持为 0 不变，也即以"@X，Y"形式来表示。

AutoCAD 相对直角坐标的输入方法为：在命令提示后通过键盘直接以"@X，Y"形式输入。直线 AC 可以按相同方法（@0，13）绘制得到。若坐标数值为负，则直线的方向与正值相反。例如，以前述 B 为起点，绘制 C 点，如图 2.59 所示。

命令：LINE（输入绘制直线 BC 命令）

指定第一点：（直线起点捕捉端点 B）

指定下一点或［放弃（U）］：@10，−8（输入直线终点 C 相对于 B 点的坐标值）

指定下一点或［放弃（U）］：（回车）

2.5.4　相对极坐标

相对极坐标是指相对于某一个固定位置点的距离和角度而确定新的位置所使用的坐标。在 AutoCAD 中默认的角度方向为逆时针方向，用极坐标绘制点的定位总是相对于前一个点，而不是原点。

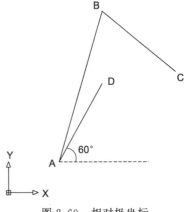

图 2.60　相对极坐标

AutoCAD 相对极坐标的输入方法为：在命令提示后通过键盘直接以"@X<Y"形式输入，其中 X 表示相对于前一个点的距离大小，Y 表示与坐标系水平 X 轴直线的角度大小。若坐标数值或角度为负，则直线的方向与正值相反，角度方向为顺时针方向。例如，如图 2.60 所示绘制直线 AD：

命令：LINE（输入绘制直线 AD 命令）

指定第一点：（直线起点捕捉端点 A）

指定下一点或［放弃（U）］：@12<60（输入直线终点 D 相对于 A 点的距离 12 和与水平轴线的角度 60 度）

指定下一点或［放弃（U）］：（回车）

2.6　图层常用操作

为便于对图形中不同元素对象进行控制，AutoCAD 提供了图层（Layer）功能，即不同的透明存储层，可以存储图形中不同元素对象。每个图层都有一些相关联的属性，包括图层名、颜色、线型、线宽和打印样式等。图层是绘制图形时最为有效的图形对象管理手段和方式，极大地方便了图形的操作。此外，图层的建立、编辑和修改也简捷明了，操作极为便利。

2.6.1　建立新图层

通过如下几种方式建立 AutoCAD 新图层：

■ 在"命令："命令提示下输入 LAYER 命令。

■ 打开【格式】下拉菜单，选择"图层"命令。

■ 单击图层工具栏上的图层特性管理器图标。

执行上述操作后，系统将弹出"图层特性管理器"对话框。单击其中的"新建图层"按钮，在当前图层选项区域下将以"图层 1，图层 2……"的名称建立相应的图层，即为新的图层，该图层的各项参数采用系统默认值。然后单击"图层特性管理器"对话框右上角按钮关闭或自动隐藏。每一个图形都有 1 个 0 层，其名称不可更改，且不能删除该图层。其他所建立的图层各项参数是可以修改的，包括名称、颜色等属性参数。如图 2.61 所示。

2.6.2　图层相关参数的修改

可以对 AutoCAD 图层如下的属性参数进行编辑与修改。

（1）图层名称　图层的取名原则应简单易记，与图层中的图形对象紧密关联。图层名称的修改很简单，按前述方法打开"图层特性管理器"对话框，单击要修改图层名称后按箭头键"→"，该图层的名称出现一个矩形框，变为可修改，可以进行修改。也可以单击右键，在弹出

图 2.61　建立新的图层

的菜单中选择"重命名图层"即可修改，如图 2.62 所示。AutoCAD 系统对图层名称有一定的限制条件，不能采用"<、\ 、?、=、*、:"等符号作为图层名，其长度约 255 个字符。

图 2.62　修改图层名称

（2）设置为当前图层　当前图层是指正在进行图形绘制的图层，即当前工作层，所绘制的图线将存放在当前图层中。因此，要绘制某类图形对象元素时，最好先将该类图形对象元素所在的图层设置为当前图层。

按前述方法打开"图层特性管理器"对话框，单击要设置为当前图层的图层，再单击"置为当前"按钮，该图层即为当前工作图层，如图 2.62 所示。

（3）图层颜色　AutoCAD 系统默认图层的颜色为白色或黑色。也可以根据绘图的需要修改图层的颜色。先按前面所述的方法启动"图层特性管理器"对话框，然后单击颜色栏下、要改变颜色的图层所对应的图标。系统将弹出"选择颜色"对话框，在该对话框中用光标拾取颜色，最后单击"确定"按钮。该图层上的图形元素对象颜色即以此作为其色彩，如图 2.63 所示。

图 2.63　修改图层颜色

（4）删除图层和隐藏图层　先按前面所述的方法启动"图层特性管理器"对话框，然后在弹出的"图层特性管理器"对话框中，单击要删除的图层，再单击"删除"按钮，最后单击按钮确定。该图层即被删除。只有图层为空图层时，即图层中无任何图形对象元素时，才能对其进行删除操作。此外"0"、"defpoints"图层不能被删除。

隐藏图层操作是指将该图层上的所有图形对象元素隐藏起来，不在屏幕中显示出来，但图形对象元素仍然保存在图形文件中。

要隐藏图层，先按前面所述的方法启动"图层特性管理器"对话框，然后单击"开"栏下、要隐藏的图层所对应的电灯泡图标，该图标将填充满颜色即是关闭隐藏。该图层上的图形元素对象不再在屏幕中显示出来。要重新显示该图层图形对象，只需单击该对应图标，使其变空即可，如图 2.64 所示。

图 2.64　隐藏图层

图 2.65　冻结与锁定图层

（5）冻结与锁定图层　冻结图层是指将该图层设置为既不在屏幕上显示，也不能对其进行删除等编辑操作的状态。锁定图层与冻结图层不同之处在于该锁定后的图层仍然在屏幕上显示。注意，当前图层不能进行冻结操作。

其操作与隐藏图层相似。先按前面所述的方法启动，然后单击冻结/锁定栏下要冻结/锁定的图层所对应的锁头图标，该图标将发生改变（颜色或形状改变）。冻结后图层上的图形元素对象不再在屏幕中显示出来，而锁定后图层上的图形元素对象继续在屏幕中显示出来但不能删除。要重新显示该图层图形对象，只需单击该对应图标，使图标发生改变即可，如图 2.65 所示。

2.7　CAD 图形常用选择方法

在进行绘图时，需要经常选择图形对象进行操作。AutoCAD 提供了多种图形选择方法，其中最为常用的方式如下所述。

2.7.1　使用拾取框光标

矩形拾取框光标放在要选择对象的位置时，将亮显对象，单击鼠标左键即可选择图形对象。按住【Shift】键并再次选择对象，可以将其从当前选择集中删除，如图 2.66 所示。

2.7.2　使用矩形窗口选择图形

矩形窗口选择图形是指从第一点向对角点拖动光标的方向确定选择的对象。使用"窗口选择"选择对象时，通常整个对象都要包含在矩形选择区域中才能选中。

（1）窗口选择　从左向右拖动光标，以仅选择完全位于矩形区域中的对象（自左向右方向，即从第 1 点至第 2 点方向进行选择），如图 2.67 所示。

（2）窗交选择　从左向右拖动光标，以选择矩形窗口包围的或相交的对象（自右向左方向，即从第 1 点至第 2 点方向进行选择），如图 2.68 所示。

图 2.66　使用光标选择图形

图 2.67　窗口选择

图 2.68　窗交选择

2.7.3　任意形状窗口选择图形

在 AutoCAD 2015～2017 以上版本中，增加了图形选择的新功能，即可以任意形状的图形进行图形选择功能，操作方法如下，如图 2.69 所示。

(a) 套索全部穿越选择

顺时针穿越　　　　逆时针穿越　　　　穿越选中

(b) 套索部分穿越选择

图 2.69　任意形状窗口选择图形

（1）执行相关功能命令后，在提示"选择对象"时，按住鼠标左键不放，同时移动光标即可进行选择。

（2）对象选择完成后松开鼠标，穿越的图形被选择中，同时图形显示颜色改变。

（3）移动光标的方向为顺时针或逆时针均可。只要窗口形状线（即"套索"）全部或部分穿越的图形，均被选中。

命令：MOVE

窗口（W）套索　按空格键可循环浏览选项找到 10 个

选择对象：

指定基点或［位移（D）］＜位移＞：

指定位移＜0.0000，0.0000，0.0000＞：

2.8　常用 CAD 绘图快速操作技巧方法

在进行绘图操作时，有一些技巧是个人实践中总结出来的，在相关 AutoCAD 文献中不易找到。本小节将介绍一些实用的 CAD 操作方法技巧，对绘图大有益处。熟能生巧，是最为有效的方法。

2.8.1　图形线型快速修改

CAD 图形线型是由虚线、点和空格组成的重复图案，显示为直线或曲线。可以通过图层将线型指定给对象，也可以不依赖图层而明确指定线型。在工程开始时加载工程所需的线型，以便在需要时使用。

（1）加载线型　加载线型的步骤如下：

（a）依次单击"常用"选项卡→"特性"面板→"线型"。

（b）在"线型"下拉列表中，单击"其他"。然后，在"线型管理器"对话框中，单击"加载"。

（c）在"加载或重载线型"对话框中，选择一种线型，单击"确定"。

如果未列出所需线型，请单击"文件"。在"选择线型文件"对话框中，选择一个要列出其线型的 LIN 文件，然后单击该文件。此对话框将显示存储在选定的 LIN 文件中的线型定义，选择一种线型，单击"确定"。

可以按住【Ctrl】键来选择多个线型，或者按住【Shift】键来选择一个范围内的线型。

（d）单击"确定"，如图 2.70 所示。

图 2.70　加载线型

（2）设定和更改当前线型　所有对象都是使用当前线型（显示在"特性"工具栏上的"线型"控件中）创建的。也可以使用"线型"控件设定当前的线型。如果将当前线型设定为"BYLAYER"，则将使用指定给当前图层的线型来创建对象。如果将当前线型设定为"BYBLOCK"，则将对象编组到块中之前，将使用"CONTINUOUS"线型来创建对象。将块插入到图形中时，此类对象将采用当前线型设置。如果不希望当前线型成为指定给当前图层的线型，则可以明确指定其他线型。CAD 软件中某些对象（文字、点、视口、图案填充和块）不显示线型。

为全部新图形对象设定线型的步骤如下：

（a）依次单击"常用"选项卡→"特性"面板→"线型"。

（b）在"线型"下拉列表中，单击"其他"。然后，在"线型管理器"对话框中，单击"加载"。

可以按住【Ctrl】键来选择多个线型，或者按住【Shift】键来选择一个范围内的线型。

（c）在"线型管理器"对话框中，执行以下操作之一：

选择一个线型并选择"当前"，以该线型绘制所有的新对象。

选择"BYLAYER"以便用指定给当前图层的线型来绘制新对象。

选择"BYBLOCK"以便用当前线型来绘制新对象，直到将这些对象编组为块。将块插入到图形中时，块中的对象将采用当前线型设置。

（d）单击"确定"。

更改指定给图层的线型的步骤如下：

（a）依次单击"常用"选项卡→"图层"面板→"图层特性"。

（b）在图层特性管理器中，选择要更改的线型名称。

（c）在"选择线型"对话框中，选择所需的线型，单击"确定"。

（d）再次单击"确定"。

更改图形对象的线型方法，选择要更改其线型的对象。依次单击"常用"选项卡→"选项板"面板→"特性"。在特性选项板上，单击"线型"控件。选择要指定给对象的线型。可以通过以下三种方案更改对象的线型：

（a）将对象重新指定给具有不同线型的其他图层。如果将对象的线型设定为"BYLAYER"，并将该对象重新指定给其他图层，则该对象将采用新图层的线型。

（b）更改指定给该对象所在图层的线型。如果将对象的线型设定为"BYLAYER"，则该对象将采用其所在图层的线型。如果更改了指定给图层的线型，则该图层上指定了"BYLAYER"线型的所有对象都将自动更新。

（c）为对象指定一种线型以替代图层的线型。可以明确指定每个对象的线型。如果要用其他线型来替代对象由图层决定的线型，请将现有对象的线型从"BYLAYER"更改为特定的线型（例如 DASHED）。

（3）控制线型比例　通过全局更改或分别更改每个对象的线型比例因子，可以以不同的比例使用同一种线型。默认情况下，全局线型和独立线型的比例均设定为 1.0。比例越小，每个绘图单位中生成的重复图案数越多。例如，设定为 0.5 时，每个图形单位在线型定义中显示两个重复图案。不能显示一个完整线型图案的短直线段显示为连续线段。对于太短，甚至不能显示一条虚线的直线，可以使用更小的线型比例。如图 2.71 所示。

命令：LTSCALE

输入新线型比例因子<1.0000>：1.000

正在重生成模型。

"全局比例因子"的值控制 LTSCALE 系统变量，该系统变量可以全局更改新建对象和现有对象的线型比例。"当前对象缩放比例"的值控制 CELTSCALE 系统变量，该系统变量

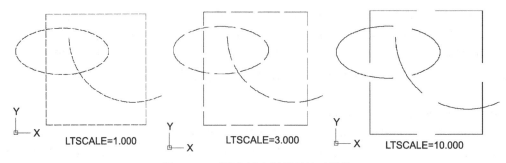

图 2.71　不同全局比例因子显示效果

可以设定新建对象的线型比例。将用 LTSCALE 的值与 CELTSCALE 的值相乘可以获得显示的线型比例。可以轻松地分别更改或全局更改图形中的线型比例。在布局中，可以通过 PSLTSCALE 调节各个视口中的线型比例。

2.8.2　快速准确定位复制方法

要将图形准确复制到指定位置，可以使用"带基点复制"的功能方法，即是将选定的对象与指定的基点一起复制到剪贴板，然后将图形准确粘贴到指定位置。操作方法如下，如图 2.72 所示。

图 2.72　将图形准确复制到指定位置

（1）菜单方法：打开下拉菜单【编辑（E）】→带基点复制（B）。

（2）快捷菜单方法：终止所有活动命令，在绘图区域中单击鼠标右键，然后从剪贴板中选择"带基点复制"。

2.8.3　图形面积和长度快速计算方法

（1）使用 AREA 功能命令　计算对象或所定义区域的面积和周长，可以使用 AREA 命令。操作步骤是在工具（T）下拉菜单→查询（Q）→面积（A）。

命令：AREA

指定第一个角点或［对象（O）/增加面积（A）/减少面积（S）］＜对象（O）＞：

选择对象：

区域＝15860.5147，周长＝570.0757

其中：

①"对象（O）"选项。可以计算选定对象的面积和周长。可以计算圆、椭圆、样条曲线、多段线、多边形、面域和三维实体的面积。如果选择开放的多段线，将假设从最后一点到第一点绘制了一条直线，然后计算所围区域中的面积。计算周长时，将忽略该直线的长度；计算面积和周长时将使用宽多段线的中心线。

②"增加面积（A）"选项。打开"加"模式后，继续定义新区域时应保持总面积平

衡。可以使用"增加面积"选项计算各个定义区域和对象的面积、周长，以及所有定义区域和对象的总面积，也可以进行选择以指定点。将显示第一个指定的点与光标之间的橡皮线。要加上的面积以绿色（图上为灰色）亮显，如图2.73(a)所示。按【Enter】键，AREA将计算面积和周长，并返回打开"加"模式后通过选择点或对象定义的所有区域的总面积。如果不闭合这个多边形，将假设从最后一点到第一点绘制了一条直线，然后计算所围区域中的面积。计算周长时，该直线的长度也会计算在内。

| (a) 增加面积 | (b) 减少面积 |

图2.73　面积计算

③"减少面积（S）"选项。与"增加面积"选项类似，但减少面积和周长。可以使用"减少面积"选项从总面积中减去指定面积，也可以通过点指定要减去的区域。将显示第一个指定的点与光标之间的橡皮线。指定要减去的面积以绿色（图中为灰色）亮显，如图2.73(b)所示。

计算由指定点所定义的面积和周长。所有点必须都在与当前用户坐标系（UCS）的XY平面平行的平面上。将显示第一个指定的点与光标之间的橡皮线。指定第二个点后，将显示具有绿色填充的直线段和多段线。继续指定点以定义多边形，然后按【Enter】键完成周长定义。如果不闭合这个多边形，将假设从最后一点到第一点绘制了一条直线，然后计算所围区域中的面积。计算周长时，该直线的长度也会计算在内。

（2）使用PLINE和LIST命令计算面积　可使用PLINE创建闭合多段线，也可使用BOUNDARY创建闭合多段线或面域。然后选择闭合图形使用LIST或"特性"选项板来查找面积，按下【F2】可以看到面积等提示，如图2.74所示。

图2.74　使用PLINE和LIST命令计算面积

（3）使用BOUNDARY和LIST命令计算面积　使用BOUNDARY从封闭区域创建面域或多段线，然后使用LIST计算面积方法，按下【F2】可以看到面积等提示，如图2.75所示。

命令：BOUNDARY

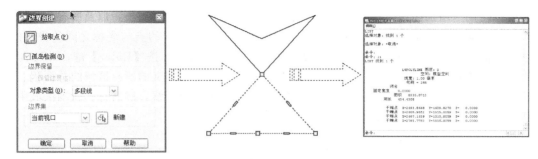

图 2.75　使用 BOUNDARY 和 LIST 命令计算面积

拾取内部点：正在选择所有对象 . . .

正在选择所有可见对象 . . .

正在分析所选数据 . . .

正在分析内部孤岛 . . .

拾取内部点：

BOUNDARY 已创建 1 个多段线

2.8.4　当前视图中图形显示精度快速设置

当前视图中图形显示精度设置也即设置当前视口中对象的分辨率，其功能命令是 VIE-WRES。VIEWRES 使用短矢量控制圆、圆弧、样条曲线和圆弧式多段线的外观。矢量数目越大，圆或圆弧的外观越平滑。例如，如果创建了一个很小的圆然后将其放大，它可能显示为一个多边形。使用 VIEWRES 增大缩放百分比并重生成图形，可以更新圆的外观并使其平滑，如图 2.76 所示。

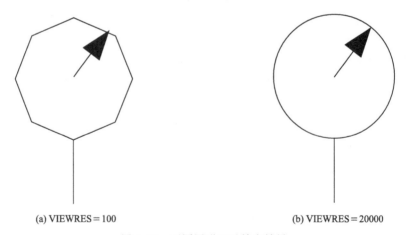

(a) VIEWRES＝100　　　　　　　　　　(b) VIEWRES＝20000

图 2.76　不同图形显示精度效果

VIEWRES 设置保存在图形中。要更改新图形的默认值，请指定新图形所基于的样板文件中的 VIEWRES 设置。如果命名（图纸空间）布局首次成为当前设置而且布局中创建了默认视口，此初始视口的显示分辨率将与"模型"选项卡视口的显示分辨率相同。

命令：VIEWRES

是否需要快速缩放？［是（Y)/否（N)］＜Y＞：Y

输入圆的缩放百分比（1-20000)＜1000＞：20000（最小为 1，最大 2 为 20000)

正在重生成模型。

第3章

家具设计CAD基本图形绘制方法

本章主要介绍使用 AutoCAD 进行家具设计绘图中基本图形绘制的方法和技巧，包括：直线、折线和弧线和曲线等各种线条绘制；圆形和矩形、多边形、表格等各种规则和不规则图形绘制；较为复杂图形的绘制思路和方法。AutoCAD 的绘图功能十分强大，使用方便，用途广泛，能够应对各种图形的绘制，是家具设计绘图及文件制作的有力助手。

需要说明一点，CAD 绘图时，在"命令："输入相关命令后，回车"Enter"即可执行该命令进行操作。AutoCAD 操作命令不区分字母大小写，大小写均相同。例如：

命令：LINE（输入 LINE、L、l 或 line 或 Line、LiNE、linE、LIne 等后，按回车"Enter"按键均可执行绘制直线的相同操作功能）

3.1 家具设计基本线条 CAD 快速绘制

AutoCAD 中的点、线（包括直线、曲线）等是最基本的图形元素。其中线的绘制包括直线与多段线、射线与构造线、弧线与椭圆弧线、样条曲线与多线等各种形式的线条。

3.1.1 点的绘制

在点、线、面三种类型图形对象中，点无疑是 AutoCAD 中最基本的组成单位元素。点可以作为捕捉对象的节点。点的 AutoCAD 功能命令为 POINT（简写形式为 PO）。其绘制方法是在提示输入点的位置时，直接输入点的坐标或者使用鼠标选择点的位置即可。

启动 POINT 命令可以通过以下 3 种方式：

■ 打开【绘图】下拉菜单选择命令【点】选项中的【单点】或【多点】命令。

■ 单击"绘图"工具栏上的"点"命令图标。

■ 在"命令："命令行提示下直接输入 POINT 或 PO 命令（不能使用"点"作为命令输入）。

打开【格式】下拉菜单选择【点样式】命令选项，就可以选择点的图案形式和图标的大小，如图 3.1 所示。点的形状和大小也可以由系统变量 PDMODE 和 PDSIZE 控制，其中变量 PDMODE 用于设置点的显示图案形式（如果 PDMODE 的值为 1，则指定不显示任何图形），变量 PDSIZE 则用来控制图标的大小（如果 PDSIZE 设置为 0，将按绘图区域高度的百分之五生成点对象）。正的 PDSIZE 值指定点图形的绝对尺寸。负值将解释为视口尺寸的百分比。修改 PDMODE 和 PDSIZE 之后，AutoCAD 下次重生成图形时改变现有点的外观。

重生成图形时将重新计算所有点的尺寸。进行点绘制的操作如下：

命令：POINT（输入画点命令）

当前点模式：PDMODE＝99　PDSIZE＝25.0000（系统变量的 PDMODE、PDSIZE 设置数值）

指定点：（使用鼠标在屏幕上直接指定点的位置，或直接输入点的坐标 x,y,z 数值）

图 3.1　设置点样式　　　　　　　　　　图 3.2　利用点标记等分线段

点的功能一般不单独使用，常常在进行线段等分时作为等分标记使用。最好先选择点的样式，要显示其位置最好不使用"."的样式，因为该样式不易看到，操作如下（如图 3.2 所示）。

命令：DIVIDE（打开【绘图】下拉菜单选择【点】命令选项，再选择"定数等分或定距等分"）

选择要定数等分的对象：

输入线段数目或［块(B)］：6

3.1.2　直线与多段线绘制

3.1.2.1　绘制直线

直线的 AutoCAD 功能命令为 LINE（简写形式为 L），绘制直线可通过直接输入端点坐标（X，Y）或直接在屏幕上使用鼠标点取。可以绘制一系列连续的直线段，但每条直线段都是一个独立的对象，按"ENTER（即回车，后面论述同此）"键结束命令。

启动 LINE 命令可以通过以下 3 种方式：

■ 打开【绘图】下拉菜单选择【直线】命令选项。

■ 单击"绘图"工具栏上的"直线"命令图标。

■ 在"命令:"命令行提示下直接输入 LINE 或 L 命令（不能使用"直线"作为命令输入）。

要绘制斜线、水平和垂直的直线，可以结合使用【F8】按键。反复按下【F8】键即可进行在斜线与水平或垂直方向之间的切换。以在"命令:"直接输入 LINE 或 L 命令为例，说明直线的绘制方法，如图 3.3 所示。

(a) 绘制直线AB

(b) 不同方向直线

图 3.3　绘制直线

特别说明，在绘制图形时，图形的端点定位一般采用在屏幕上捕捉直接点取其位置，或输入相对坐标数值进行定位，通常不使用直接输入其坐标数值（x，y）或（x，y，z），因为使用坐标数值比较烦琐。后面论述同此。

命令：LINE（输入绘制直线命令）

指定第一点：175,128（指定直线起点 A 或输入端点坐标）

指定下一点或［放弃(U)］：545,442（按下【F8】后指定直线终点 B 或输入端点坐标 545，442）

指定下一点或［放弃(U)］：（回车）

3.1.2.2 绘制多段线

多段线的 AutoCAD 功能命令为 PLINE（PLINE 为 Polyline 简写形式，简写形式为 PL），绘制多段线同样可通过直接输入端点坐标（X，Y）或直接在屏幕上使用鼠标点取。对于多段线，可以指定线型图案在整条多段线中是位于每条线段的中央，还是连续跨越顶点，如图 3.4 所示。可以通过设置 PLINEGEN 系统变量来执行此设置。

图 3.4 多段线设置

启动 PLINE 命令可以通过以下 3 种方式：

■ 打开【绘图】下拉菜单选择【多段线】命令选项。

■ 单击"绘图"工具栏上的"多段线"命令图标。

■ 在"命令："命令行提示下直接输入 PLINE 或 PL 命令（不能使用"多段线"作为命令输入）。

绘制时要在斜线、水平和垂直之间进行切换，可以使用【F8】按键。以在"命令："直接输入 PLINE 或 PL 命令为例，说明多段线的绘制方法。

（1）使用 PLINE 绘制由直线构成的多段线，如图 3.5(a) 所示。

(a) 纯直线形式　　　　　　　　　(b) 直线与弧线结合

图 3.5 绘制多段线

命令：PLINE（绘制由直线构成的多段线）

指定起点：13,151（确定起点 A 位置）

当前线宽为 0.0000

指定下一个点或[圆弧(A)/半宽(H)/长度(L)/放弃(U)/宽度(W)]：13,83(依次输入多段线端点B的坐标或直接在屏幕上使用鼠标点取)

指定下一点或[圆弧(A)/闭合(C)/半宽(H)/长度(L)/放弃(U)/宽度(W)]：40,83(下一点C)

指定下一点或[圆弧(A)/闭合(C)/半宽(H)/长度(L)/放弃(U)/宽度(W)]：66,133(下一点D)

指定下一点或[圆弧(A)/闭合(C)/半宽(H)/长度(L)/放弃(U)/宽度(W)]：82,64(下一点E)

……

指定下一点或[圆弧(A)/闭合(C)/半宽(H)/长度(L)/放弃(U)/宽度(W)]：(回车结束操作)

(2) 使用 PLINE 绘制由直线与弧线构成的多段线，如图 3.5(b) 所示。

命令：PLINE(绘制由直线与弧线构成的多段线)

指定起点：7,143(确定起点 A 位置)

当前线宽为 0.0000

指定下一个点或[圆弧(A)/半宽(H)/长度(L)/放弃(U)/宽度(W)]：7,91(输入多段线端点 B 的坐标或直接在屏幕上使用鼠标点取)

指定下一点或[圆弧(A)/闭合(C)/半宽(H)/长度(L)/放弃(U)/宽度(W)]：A(输入 A 绘制圆弧段造型)

指定圆弧的端点或[角度(A)/圆心(CE)/闭合(CL)/方向(D)/半宽(H)/直线(L)/半径(R)/第二个点(S)/放弃(U)/宽度(W)]：41,91(指定圆弧的第 1 个端点 C)

指定圆弧的端点或[角度(A)/圆心(CE)/闭合(CL)/方向(D)/半宽(H)/直线(L)/半径(R)/第二个点(S)/放弃(U)/宽度(W)]：73,91(指定圆弧的第 2 个端点 D)

指定圆弧的端点或[角度(A)/圆心(CE)/闭合(CL)/方向(D)/半宽(H)/直线(L)/半径(R)/第二个点(S)/放弃(U)/宽度(W)]：L(输入 L 切换回绘制直线段造型)

指定下一点或[圆弧(A)/闭合(C)/半宽(H)/长度(L)/放弃(U)/宽度(W)]：73,125(下一点E)

指定下一点或[圆弧(A)/闭合(C)/半宽(H)/长度(L)/放弃(U)/宽度(W)]：(下一点)

……

指定下一点或[圆弧(A)/闭合(C)/半宽(H)/长度(L)/放弃(U)/宽度(W)]：C(闭合多段线)

3.1.3　射线与构造线绘制

3.1.3.1　绘制射线

射线指沿着一个方向无限延伸的直线，主要用来定位的辅助绘图线。射线具有一个确定的起点并单向无限延伸。其 AutoCAD 功能命令为 RAY，直接在屏幕上使用鼠标点取。

启动 RAY 命令可以通过以下 2 种方式：

■ 打开【绘图】下拉菜单选择【射线】命令选项。

■ 在"命令："命令行提示下直接输入 RAY 命令（不能使用"射线"作为命令输入）。

AutoCAD 绘制一条射线并继续提示输入通过点以便创建多条射线。起点和通过点定义了射线延伸的方向，射线在此方向上延伸到显示区域的边界。按 Enter 键结束命令。以在"命令："直接输入 RAY 命令为例，说明射线的绘制方法，如图 3.6 所示。

命令：RAY(输入绘射线命令)

指定起点：8,95(指定射线起点 A 的位置)

指定通过点：62,139(指定射线所通过点的位置 B)

指定通过点：112,121(指定射线所通过点的位置 C)

······

指定通过点：(回车)

图 3.6　绘制射线

图 3.7　绘制构造线

3.1.3.2　绘制构造线

构造线指两端方向是无限长的直线，主要用来定位的辅助绘图线，即用来定位对齐边角点的辅助绘图线。其 AutoCAD 功能命令为 XLINE（简写形式为 XL），可直接在屏幕上使用鼠标点取。

启动 XLINE 命令可以通过以下 3 种方式：

■ 打开【绘图】下拉菜单选择【构造线】命令选项。

■ 单击"绘图"工具栏上的"构造线"命令图标。

■ 在"命令："命令行提示下直接输入 XLINE 或 XL 命令（不能使用"构造线"作为命令输入）。

使用两个通过点指定构造线（无限长线）的位置。以在"命令："直接输入 XLINE 命令为例，说明构造线的绘制方法，如图 3.7 所示。

命令：XLINE(绘制构造线)

指定点或[水平(H)/垂直(V)/角度(A)/二等分(B)/偏移(O)]：8,95(指定构造直线起点 A 位置)

指定通过点：62,139(指定构造直线通过点位置 B)

指定通过点：112,121(指定下一条构造直线通过点位置 C)

指定通过点：(指定下一条构造直线通过点位置)

······

指定通过点：

指定通过点：(回车)

3.1.4　圆弧线与椭圆弧线绘制

3.1.4.1　绘制圆弧线

圆弧线可以通过输入端点坐标进行绘制，也可以直接在屏幕上使用鼠标点取。其 Auto-CAD 功能命令为 ARC（简写形式为 A）。在进行绘制时，如果未指定点就按 Enter 键，AutoCAD 将把最后绘制的直线或圆弧的端点作为起点，并立即提示指定新圆弧的端点。这将创建一条与最后绘制的直线、圆弧或多段线相切的圆弧。

启动 ARC 命令可以通过以下 3 种方式：

■ 打开【绘图】下拉菜单选择【圆弧】命令选项。

■ 单击"绘图"工具栏上的"圆弧"命令图标。

■ 在"命令:"命令行提示下直接输入 ARC 或 A 命令（不能使用"圆弧"作为命令输入）。

以在"命令:"直接输入 ARC 命令为例，说明弧线的绘制方法，如图 3.8 所示。

命令：ARC(绘制弧线)

指定圆弧的起点或[圆心(C)]：20,102(指定起始点位置 A)

指定圆弧的第二个点或[圆心(C)/端点(E)]：61,139(指定中间点位置 B)

指定圆弧的端点：113,122(指定起终点位置 C)

图 3.8　绘制弧线

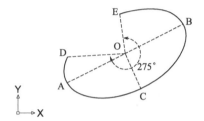

图 3.9　绘制椭圆弧线

3.1.4.2　绘制椭圆弧线

椭圆弧线的 AutoCAD 功能命令为 ELLIPSE（简写形式为 EL），与椭圆是一致的，只是在执行 ELLIPSE 命令后再输入 A 进行椭圆弧线绘制。一般根据两个端点定义椭圆弧的第 1 条轴，第 1 条轴的角度确定了整个椭圆的角度。第 1 条轴既可定义椭圆的长轴也可定义短轴。

启动 ELLIPSE 命令可以通过以下 3 种方式：

■ 打开【绘图】下拉菜单选择【椭圆】命令选项，再执行命令选项【圆弧】。

■ 单击"绘图"工具栏上的"椭圆弧"命令图标。

■ 在"命令:"命令行提示下直接输入 ELLIPSE 或 EL 命令后再输入 A（不能使用"椭圆弧"作为命令输入）。

以在"命令:"直接输入 ELLIPSE 命令为例，说明椭圆弧线的绘制方法，如图 3.9 所示。

命令：ELLIPSE(绘制椭圆曲线)

指定椭圆的轴端点或[圆弧(A)/中心点(C)]：A(输入 A 绘制椭圆曲线)

指定椭圆弧的轴端点或[中心点(C)]：(指定椭圆轴线端点 A)

指定轴的另一个端点：(指定另外一个椭圆轴线端点 B)

指定另一条半轴长度或[旋转(R)]：(指定与另外一个椭圆轴线距离 OC)

指定起始角度或[参数(P)]：(指定起始角度位置 D)

指定终止角度或[参数(P)/包含角度(I)]：(指定终点角度位置 E)

3.1.5　样条曲线与多线绘制

3.1.5.1　绘制样条曲线

样条曲线是一种拟合不同位置点的曲线，其 AutoCAD 功能命令为 SPLINE（简写形式为 SPL）。样条曲线与使用 ARC 命令连续绘制的多段曲线图形不同之处：样条曲线是一体的，且曲线光滑流畅，而使用 ARC 命令连续绘制的多段曲线图形则是由几段组成的。

SPLINE 在指定的允差范围内把光滑的曲线拟合成一系列的点。AutoCAD 使用 NURBS（非均匀有理 B 样条曲线）数学方法，其中存储和定义了一类曲线和曲面数据。

启动 SPLINE 命令可以通过以下 3 种方式：

■ 打开【绘图】下拉菜单选择【样条曲线】命令选项。

■ 单击"绘图"工具栏上的"样条曲线"命令图标。

■ 在"命令:"命令行提示下直接输入 SPLINE 或 SPL 命令（不能使用"样条曲线"作为命令输入）。

以在"命令:"直接输入 SPLINE 命令为例，说明样条曲线的绘制方法，如图 3.10 所示。

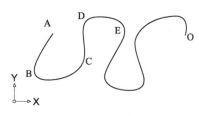

图 3.10　绘制样条曲线

命令：SPLINE（输入绘制样条曲线命令）

当前设置：方式＝拟合　节点＝弦

指定第一个点或[方式(M)/节点(K)/对象(O)]:（指定样条曲线的第 1 点 A 或选择对象进行样条曲线转换）

输入下一个点或[起点切向(T)/公差(L)]:（指定下一点 C 位置或选择备选项）

输入下一个点或[端点相切(T)/公差(L)/放弃(U)/闭合(C)]:（指定下一点 D 位置或选择备选项）

……

输入下一个点或[端点相切(T)/公差(L)/放弃(U)/闭合(C)]:（指定下一点 O 位置或选择备选项）

输入下一个点或[端点相切(T)/公差(L)/放弃(U)/闭合(C)]:（回车）

指定切向:（回车）

3.1.5.2　绘制多线

多线也称多重平行线，指由两条相互平行的直线构成的线型。其 AutoCAD 绘制命令为 MLINE（简写形式为 ML）。其中的比例因子参数 Scale 是控制多线的全局宽度（这个比例不影响线型比例），该比例基于在多线样式定义中建立的宽度。比例因子为 2 绘制多线时，其宽度是样式定义宽度的两倍。负比例因子将翻转偏移线的次序，即当从左至右绘制多线时，偏移最小的多线绘制在顶部。负比例因子的绝对值也会影响比例。比例因子为 0 将使多线变为单一的直线。

启动 MLINE 命令可以通过以下 3 种方式：

■ 打开【绘图】下拉菜单选择【多线】命令选项。

■ 单击绘图工具栏上的多线命令图标。

■ 在"命令:"命令行提示下直接输入 MLINE 或 ML 命令（不能使用"多线"作为命令输入）。

多线的样式，打开【绘图】下拉菜单，选择命令【多线样式】选项。在弹出的对话框中就可以新建多线形式、修改名称、设置特性和加载新的多行线的样式等，如图 3.11 所示。

以在"命令:"直接输入 MLINE 命令为例，说明多线的绘制方法，如图 3.12 所示。

命令：MLINE（绘制多线）

当前设置：对正＝上,比例＝20.00,样式＝STANDARD

指定起点或[对正(J)/比例(S)/样式(ST)]:S（输入 S 设置多线宽度）

输入多线比例 ＜20.00＞:120（输入多线宽度）

当前设置：对正＝上,比例＝120.00,样式＝STANDARD

指定起点或[对正(J)/比例(S)/样式(ST)]:（指定多线起点位置）

图 3.11　设置多线

指定下一点：（指定多线下一点位置）

指定下一点或［放弃(U)］：（指定多线下一点位置）

指定下一点或［闭合(C)/放弃(U)］：（指定多线下一点位置）

指定下一点或［闭合(C)/放弃(U)］：（指定多线下一点位置）

指定下一点或［闭合(C)/放弃(U)］：（指定多线下一点位置）

······

指定下一点或［闭合(C)/放弃(U)］：C(回车)

图 3.12　绘制多线

图 3.13　绘制云彩线

3.1.6　云线（云彩线）绘制

云线是指由连续圆弧组成的线条造型。云彩线的 AutoCAD 命令是 REVCLOUD，REVCLOUD 在系统注册表中存储上一次使用的圆弧长度，当程序和使用不同比例因子的图形一起使用时，用 DIMSCALE 乘以此值以保持统一。

启动命令可以通过以下 3 种方式：

■ 打开【绘图】下拉菜单选择【修订云线】命令选项。

■ 单击"绘图"工具栏上的"修订云线"命令图标。

■ 在"命令："直接输入 REVCLOUD 命令。

其绘制方法如下所述，如图 3.13 所示：

命令：REVCLOUD(绘制云彩线)

最小弧长：15　最大弧长：15　样式：普通

指定起点或［弧长(A)/对象(O)］＜对象＞：A(输入 A 设置云彩线的大小)

指定最小弧长 ＜15＞：10(输入云彩线最小弧段长度)

指定最大弧长 ＜10＞：18(输入云彩线最大弧段长度)

指定起点或［对象(O)］＜对象＞：（指定云彩线起点位置）

沿云线路径引导十字光标······（拖动鼠标进行云彩线绘制）

反转方向[是(Y)/否(N)]<否>:N

修订云线完成(回车完成绘制)

3.1.7 其他特殊线绘制

AutoCAD 提供了绘制具有宽度的线条功能,可以绘制等宽度和不等宽度的线条。

3.1.7.1 等宽度的线条

绘制等宽度的线条,可以使用 PLINE、TRACE 命令来实现,具体绘制方法如下所述:

(1) 使用 PLINE 命令绘制等宽度的线条,如图 3.14 所示。

命令:PLINE(使用 PLINE 命令绘制等宽度的线条)

指定起点:(指定等宽度的线条起点 A)

当前线宽为 0.0000

指定下一个点或[圆弧(A)/半宽(H)/长度(L)/放弃(U)/宽度(W)]:W(输入 W 设置线条宽度)

指定起点宽度 <0.0000>:15(输入起点宽度)

指定端点宽度 <15.0000>:15(输入端点宽度)

指定下一个点或[圆弧(A)/半宽(H)/长度(L)/放弃(U)/宽度(W)]:(依次输入多段线端点坐标或直接在屏幕上使用鼠标点取 B)

指定下一点或[圆弧(A)/闭合(C)/半宽(H)/长度(L)/放弃(U)/宽度(W)]:(指定下一点位置 C)

指定下一点或[圆弧(A)/闭合(C)/半宽(H)/长度(L)/放弃(U)/宽度(W)]:(指定下一点位置 D)

……

指定下一点或[圆弧(A)/闭合(C)/半宽(H)/长度(L)/放弃(U)/宽度(W)]:(指定下一点位置)

指定下一点或[圆弧(A)/闭合(C)/半宽(H)/长度(L)/放弃(U)/宽度(W)]:(回车结束操作)

图 3.14 绘制宽度线

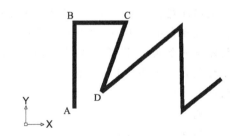

图 3.15 使用 TRACE 命令

(2) 使用 TRACE 命令绘制宽度线,如图 3.15 所示。使用 TRACE 命令时,只有下一个线段的终点位置确定后,上一段的线段才在屏幕上显示出来。宽线的端点在宽线的中心线上,而且总是被剪切成矩形。TRACE 自动计算连接到邻近线段的合适倒角。AutoCAD 直到指定下一线段或按 ENTER 键之后才画出每条线段。考虑到倒角的处理方式,TRACE 没有放弃选项。如果"填充"模式打开,则宽线是实心的。如果"填充"模式关闭,则只显示宽线的轮廓。

命令:TRACE(使用 TRACE 绘制等宽度的线条)

指定宽线宽度＜1.2000＞:8

指定起点：(指定起点位置 A)

指定下一点：(指定下一点位置 B)

指定下一点：(指定下一点位置 C)

......

指定下一点：(回车)

3.1.7.2 不等宽度的线条

绘制不等宽度的线条，可以使用 PLINE 命令来实现，具体绘制方法如下所述，其他不等宽线条按相同方法绘制，如图 3.16 所示。

(a) 绘制不等宽线条ABC

(b) 其他形式

图 3.16　绘制不等宽度线条

命令：PLINE(使用 PLINE 命令绘制不等宽度的线条)

指定起点：(指定等宽度的线条起点 A)

当前线宽为 0.0000

指定下一个点或[圆弧(A)/半宽(H)/长度(L)/放弃(U)/宽度(W)]：W(输入 W 设置线条宽度)

指定起点宽度＜0.0000＞：15(输入起点宽度)

指定端点宽度＜15.0000＞：3(输入线条宽度与前面不一致)

指定下一个点或[圆弧(A)/半宽(H)/长度(L)/放弃(U)/宽度(W)]：(依次输入多段线端点坐标或直接在屏幕上使用鼠标点取 B)

指定下一点或[圆弧(A)/闭合(C)/半宽(H)/长度(L)/放弃(U)/宽度(W)]：W(输入 W 设置线条宽度)

指定起点宽度＜3.0000＞：5(输入起点宽度)

指定端点宽度＜5.0000＞：1(输入线条宽度与前面不一致)

指定下一点或[圆弧(A)/闭合(C)/半宽(H)/长度(L)/放弃(U)/宽度(W)]：(指定下一点位置 C)

......

指定下一点或[圆弧(A)/闭合(C)/半宽(H)/长度(L)/放弃(U)/宽度(W)]：(指定下一点位置)

指定下一点或[圆弧(A)/闭合(C)/半宽(H)/长度(L)/放弃(U)/宽度(W)]：(回车结束操作)

3.1.7.3 带箭头的注释引线线条

绘制带箭头的注释引线线条，可以使用 LEADER 命令快速实现，具体绘制方法如下所述，如图 3.17 所示。

（1）直线引线绘制，如图 3.17(a) 所示。

命令：LEADER

指定引线起点：

指定下一点：

指定下一点或 [注释 (A)/格式 (F)/放弃 (U)] <注释>：（回车）

指定下一点或 [注释 (A)/格式 (F)/放弃 (U)] <注释>：（回车）

输入注释文字的第一行或 <选项>：（回车）

输入注释选项 [公差 (T)/副本 (C)/块 (B)/无 (N)/多行文字 (M)] <多行文字>：（回车输入文字内容"ABC"）

（2）曲线引线绘制，如图 3.17(b) 所示。

命令：LEADER

指定引线起点：

指定下一点：

指定下一点或 [注释 (A)/格式 (F)/放弃 (U)] <注释>：F（输入 F）

输入引线格式选项 [样条曲线 (S)/直线 (ST)/箭头 (A)/无 (N)] <退出>：S（输入 S）

指定下一点或 [注释 (A)/格式 (F)/放弃 (U)] <注释>：（回车）

输入注释文字的第一行或 <选项>：（回车）

输入注释选项 [公差 (T)/副本 (C)/块 (B)/无 (N)/多行文字 (M)] <多行文字>：（回车输入文字内容"ABC"）

(a) 直线引线   (b) 曲线引线

图 3.17　带箭头的注释引线线条绘制

3.2　家具设计基本平面图形 CAD 快速绘制

AutoCAD 提供了一些可以直接绘制得到的基本平面图形，包括圆形、矩形、椭圆形和正多边形等基本图形。

3.2.1　圆形和椭圆形绘制

3.2.1.1　绘制圆形

常常使用到的 AutoCAD 基本图形是圆形，其 AutoCAD 绘制命令是 CIRCLE（简写形式为 C）。

启动 CIRCLE 命令可以通过以下 3 种方式：
- ■ 打开【绘图】下拉菜单选择【圆形】命令选项。
- ■ 单击"绘图"工具栏上的"圆形"命令图标。
- ■ 在"命令："命令行提示下直接输入 CIRCLE 或 C 命令。

可以通过中心点或圆周上三点中的一点创建圆，还可以选择与圆相切的对象。以在"命令："直接输入 CIRCLE 命令为例，说明圆形的绘制方法，如图 3.18 所示。

命令：CIRCLE（绘制圆形）

指定圆的圆心或［三点(3P)/两点(2P)/相切、相切、半径(T)］：（指定圆心点位置 O）

指定圆的半径或［直径(D)］＜20.000＞：50（输入圆形半径或在屏幕上直接点取）

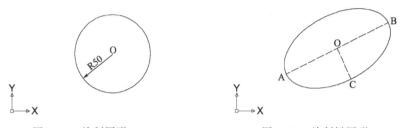

图 3.18　绘制圆形　　　　　　　　　图 3.19　绘制椭圆形

3.2.1.2　绘制椭圆形

椭圆形的 AutoCAD 绘制命令与椭圆曲线是一致的，均是 ELLIPSE（简写形式为 EL）命令。

启动 ELLIPSE 命令可以通过以下 3 种方式：
- ■ 打开【绘图】下拉菜单选择【椭圆形】命令选项。
- ■ 单击"绘图"工具栏上的"椭圆形"命令图标。
- ■ 在"命令："命令行提示下直接输入 ELLIPSE 或 EL 命令。

以在"命令："直接输入 ELLIPSE 命令为例，说明椭圆形的绘制方法，如图 3.19 所示。

命令：ELLIPSE（绘制椭圆形）

指定椭圆的轴端点或［圆弧(A)/中心点(C)］：（指定一个椭圆形轴线端点 A）

指定轴的另一个端点：（指定该椭圆形轴线另外一个端点 B）

指定另一条半轴长度或［旋转(R)］：（指定与另外一个椭圆轴线长度距离 OC）

3.2.2　矩形和正方形绘制

3.2.2.1　绘制矩形

矩形是最为常见的基本图形，其 AutoCAD 绘制命令是 RECTANG 或 RECTANGLE（简写形式为 REC）。当使用指定的点作为对角点创建矩形时，矩形的边与当前 UCS 的 X 轴或 Y 轴平行。

启动 RECTANG 命令可以通过以下 3 种方式：
- ■ 打开【绘图】下拉菜单选择【矩形】命令选项。
- ■ 单击"绘图"工具栏上的"矩形"命令图标。
- ■ 在"命令："命令行提示下直接输入 RECTANG 或 REC 命令。

使用长和宽创建矩形时，第 2 个指定点将矩形定位在与第一角点相关的四个位置之一。以在"命令："直接输入 RECTANG 命令为例，说明矩形的绘制方法，如图 3.20 所示。

命令：RECTANG（绘制矩形）

指定第一个角点或［倒角(C)/标高(E)/圆角(F)/厚度(T)/宽度(W)］：

指定另一个角点或[面积(A)/尺寸(D)/旋转(R)]：D(输入 D 指定尺寸)

指定矩形的长度 ＜0.0000＞：1000(输入矩形的长度)

指定矩形的宽度 ＜0.0000＞：1500(输入矩形的宽度)

指定另一个角点或[面积(A)/尺寸(D)/旋转(R)]：(移动光标以显示矩形可能的四个位置之一并单击需要的一个位置)

图 3.20　绘制矩形

图 3.21　绘制正方形

3.2.2.2　绘制正方形

绘制正方形可以使用 AutoCAD 的绘制正多边形 POLYGON 或绘制矩形命令 RECTANG 绘制。启动命令可以通过以下 3 种方式：

- 打开【绘图】下拉菜单选择【正多边形】或【矩形】命令选项。
- 单击"绘图"工具栏上的"正多边形"或"矩形"命令图标。
- 在"命令："命令行提示下直接输入 POLYGON 或 RECTANG 命令。

以在"命令："直接输入 POLYGON 或 RECTANG 命令为例，说明等边多边形的绘制方法。如图 3.21 所示。

(1) 命令：RECTANG(绘制正方形)

指定第一个角点或[倒角(C)/标高(E)/圆角(F)/厚度(T)/宽度(W)]：

指定另一个角点或[面积(A)/尺寸(D)/旋转(R)]：D(输入 D 指定尺寸)

指定矩形的长度 ＜0.0000＞：1000(输入正方形的长度)

指定矩形的宽度 ＜0.0000＞：1000(输入正方形的宽度)

指定另一个角点或[面积(A)/尺寸(D)/旋转(R)]：(移动光标以显示矩形可能的四个位置之一并单击需要的一个位置)

(2) 命令：POLYGON(绘制正方形)

输入边的数目 ＜4＞：4(输入正方形边数)

指定正多边形的中心点或[边(E)]：E(输入 E 绘制正方形)

指定边的第一个端点：(在屏幕上指定边的第一个端点位置)

指定边的第二个端点：50(输入正方形边长长度,若输入"－50",是负值其位置相反)

3.2.3　圆环和螺旋线绘制

3.2.3.1　绘制圆环

圆环是由宽弧线段组成的闭合多段线构成的。圆环是具有内径和外径的图形，可以认为是圆形的一种特例，如果指定内径为零，则圆环成为填充圆，其 AutoCAD 功能命令是 DO-NUT。圆环内的填充图案取决于 FILL 命令的当前设置。

启动命令可以通过以下 2 种方式：

■ 打开【绘图】下拉菜单选择【圆环】命令选项。

■ 在"命令："命令行提示下直接输入 DONUT 命令。

AutoCAD 根据中心点来设置圆环的位置。指定内径和外径之后，AutoCAD 提示用户输入绘制圆环的位置。以在"命令："直接输入 DONUT 命令为例，说明等圆环的绘制方法，如图 3.22 所示。

命令：DONUT(绘制圆环)

指定圆环的内径 <0.5000>：20(输入圆环内半径)

指定圆环的外径 <1.0000>：50(输入圆环外半径)

指定圆环的中心点或 <退出>：(在屏幕上点取圆环的中心点位置 O)

指定圆环的中心点或 <退出>：(指定下一个圆环的中心点位置)

……

指定圆环的中心点或 <退出>：(回车)

图 3.22 绘制圆环

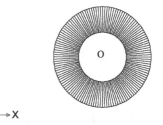

图 3.23 圆环以线框显示

若将先将填充（FILL）命令关闭，再绘制圆环，则圆环以线框显示，如图 3.23 所示。

(1) 关闭填充命令

命令：FILL(填充控制命令)

输入模式[开(ON)/ 关(OFF)] <开>：OFF(输入 OFF 关闭填充)

(2) 绘制圆环

命令：DONUT(绘制圆环)

指定圆环的内径 <10.5000>：50(输入圆环内半径)

指定圆环的外径 <15.0000>：150(输入圆环外半径)

指定圆环的中心点或 <退出>：(在屏幕上点取圆环的中心点位置 O)

指定圆环的中心点或 <退出>：(指定下一个圆环的中心点位置)

……

指定圆环的中心点或 <退出>：(回车)

3.2.3.2 绘制螺旋

螺旋就是开口的二维或三维螺旋线（可以通过 SWEEP 命令将螺旋用作路径。例如，可以沿着螺旋路径来扫掠圆，以创建弹簧实体模型，在此略。如图 3.24 所示）。其 AutoCAD 功能命令是 HELIX。螺旋是真实螺旋的样条曲线近似，长度值可能不十分准确。

如果指定一个值来同时作为底面半径和顶面半径，将创建圆柱形螺旋。默认情况下，为顶面半径和底面半径设置的值相同。不能指定 0 来同时作为底面半径和顶面半径。如果指定不同的值来作为顶面半径和底面半径，将创建圆锥形螺旋。如果指定的高度值为 0，则将创建扁平的二维螺旋。

图 3.24　二、三维螺旋对比

图 3.25　绘制二维螺旋

启动螺旋命令可以通过以下 2 种方式：

■ 打开【绘图】下拉菜单选择【螺旋】命令选项。

■ 在"命令："命令行提示下直接输入 HELIX 命令。

以在"命令："直接输入 HELIX 命令为例，说明二维螺旋的绘制方法，如图 3.25 所示。

命令：HELIX(绘制二维螺旋)

圈数＝3.0000　　扭曲＝CCW

指定底面的中心点：(在绘图区域单击指定图形中心点位置)

指定底面半径或[直径(D)]＜14.3880＞：15

指定顶面半径或[直径(D)]＜15.0000＞：50

指定螺旋高度或[轴端点(A)/圈数(T)/圈高(H)/扭曲(W)]＜40.2430＞：T(输入 T 设置螺旋圈数)

输入圈数＜3.0000＞：6

指定螺旋高度或[轴端点(A)/圈数(T)/圈高(H)/扭曲(W)]＜40.2430＞：H(输入 H 指定的高度值)

指定圈间距＜13.4143＞：0(指定的高度值为 0,则将创建扁平的二维螺旋)

3.2.4　正多边形绘制和创建区域覆盖

3.2.4.1　绘制正多边形

正多边形也称等边多边形，其 AutoCAD 绘制命令是 POLYGON，可以绘制包括正方形、等六边形等图形。当正多边形边数无限大时，其形状逼近圆形。正多边形是一种多段线对象，AutoCAD 以零宽度绘制多段线，并且没有切线信息。可以使用 PEDIT 命令修改这些值。

启动命令可以通过以下 3 种方式：

■ 打开【绘图】下拉菜单选择【正多边形】命令选项。

■ 单击"绘图"工具栏上的"正多边形"命令图标。

■ 在"命令："命令行提示下直接输入 POLYGON 命令。

以在"命令："直接输入 POLYGON 命令为例，说明等边多边形的绘制方法。

(1) 以内接圆确定等边多边形，如图 3.26 所示。内接于圆是指定外接圆的半径，正多边形的所有顶点都在此圆周上。

命令：POLYGON(绘制等边多边形)

输入边的数目＜4＞：6(输入等边多边形的边数)

指定正多边形的中心点或[边(E)]：(指定等边多边形中心点位置 O)

输入选项[内接于圆(I)/外切于圆(C)]<I>：I(输入 I 以内接圆确定等边多边形)

指定圆的半径：50(指定内接圆半径)

图 3.26 使用内接圆确定   图 3.27 使用外切圆确定

（2）以外切圆确定等边多边形，如图 3.27 所示。外切于圆是指定从正多边形中心点到各边中点的距离。

命令：POLYGON(绘制等边多边形)

输入边的数目 <4>：6(输入等边多边形的边数)

指定正多边形的中心点或[边(E)]：(指定等边多边形中心点位置 O)

输入选项[内接于圆(I)/外切于圆(C)]<I>：C(输入 C 以外切圆确定等边多边形)

指定圆的半径：50(指定外切圆半径)

3.2.4.2 创建区域覆盖图形

使用区域覆盖对象可以在现有对象上生成一个空白区域，用于添加注释或详细的屏蔽信息。区域覆盖对象是一块多边形区域，它可以使用当前背景色屏蔽底层的对象。此区域以区域覆盖线框为边框，可以打开此区域进行编辑，也可以关闭此区域进行打印。通过使用一系列点来指定多边形的区域，创建区域覆盖对象，也可以将闭合多段线转换成区域覆盖对象。如图 3.28 所示。

图 3.28 区域覆盖效果   图 3.29 绘制区域覆盖

创建多边形区域的 AutoCAD 命令是 WIPEOUT。启动命令可以通过以下 2 种方式，其绘制方法如下所述。绘制区域覆盖如图 3.29 所示。

■ 打开【绘图】下拉菜单选择【区域覆盖】命令选项。

■ 在"命令："直接输入 WIPEOUT 命令。

命令：WIPEOUT(创建多边形区域)

指定第一点或[边框(F)/多段线(P)]<多段线>：(指定多边形区域的起点 A 位置)

指定下一点：(指定多边形区域下一点 B 位置)

指定下一点或[放弃(U)]：(指定多边形区域下一点 C 位置)

指定下一点或[闭合(C)/放弃(U)]：(指定多边形区域下一点 D 位置)

……

指定下一点或[闭合(C)/放弃(U)]：(回车结束)

3.3 常见 CAD 表格图形快速绘制

CAD 提供了多种方法绘制表格。一般可以通过如下两种方法完成表格绘制。

3.3.1 使用表格功能命令 TABLE 绘制

启动表格功能命令可以通过以下 3 种方式：

- 打开【绘图】下拉菜单选择【表格】命令选项。
- 单击"绘图"工具栏上的"表格"命令图标。
- 在"命令："命令行提示下直接输入 TABLE 命令。

以在"命令："直接输入 TABLE 命令为例，说明表格的绘制方法。

执行 TABLE 功能命令后，弹出"插入表格"对话框，设置相关的数值，包括表格的列数、列宽、行数、行高、单元样式等各种参数。单击"确定"后要求在屏幕上指定表格位置，单击位置后要求输入表格标题栏文字内容，然后单击"确定"得到表格。单击表格任意单元格，该单元格显示黄色，可以输入文字内容，如图 3.30 所示。

(a) 创建表格线

(b) 标注文字

图 3.30 绘制表格

在"插入表格"对话框中，可以单击表格"启动表格样式对话框"，在弹出的"修改表格样式"对话框中对表格进行修改。如图 3.31 所示。

3.3.2 使用 LINE/OFFSET/TRIM/TEXT 等功能命令绘制

(1) 先使用 LINE 命令绘制水平和竖直方向的表格定位线。再按表格宽度、高度要求使用 OFFSET 进行偏移，如图 3.32 所示。

图 3.31　修改表格样式

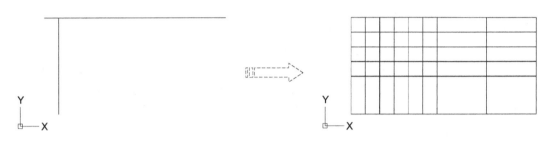

图 3.32　绘制表格线条

■ 命令:LINE

指定第一点:

指定下一点或[放弃(U)]:<正交 开>

指定下一点或[放弃(U)]:(回车)

■ 命令:OFFSET

当前设置:删除源=否　图层=源　OFFSETGAPTYPE=0

指定偏移距离或[通过(T)/删除(E)/图层(L)]<通过>:150

选择要偏移的对象,或[退出(E)/放弃(U)]<退出>:

指定要偏移的那一侧上的点,或[退出(E)/多个(M)/放弃(U)]<退出>:

选择要偏移的对象,或[退出(E)/放弃(U)]<退出>:

指定要偏移的那一侧上的点,或[退出(E)/多个(M)/放弃(U)]<退出>:

选择要偏移的对象,或[退出(E)/放弃(U)]<退出>:

(2) 使用 MTEXT 功能命令标注文字内容即可。位置可以使用 MOVE 功能命令调整,如图 3.33 所示。

图 3.33　标注文字内容

■ 命令:MTEXT

当前文字样式:"Standard" 文字高度:2.5 注释性:否

指定第一角点:

指定对角点或[高度(H)/对正(J)/行距(L)/旋转(R)/样式(S)/宽度(W)/栏(C)]:

■ 命令:MOVE

选择对象:找到 1 个

选择对象:

指定基点或[位移(D)]<位移>:

指定第二个点或 <使用第一个点作为位移>:

3.4 复合 CAD 平面图形绘制

复合平面图形是指不能直接使用 AutoCAD 提供的基本命令一次生成的图形,但可以通过使用多个命令得到的组合图形。如图 3.34 所示的复合平面图形,由等边多边形、圆形和弧线等构成。下面以此图为例介绍复合平面图形的绘制方法。其他类型的复合图形,同样可以按此方法进行绘制(注:其中使用到的部分编辑修改命令,在后面章节将详细论述)。

图 3.34　复合平面图形　　　　　　图 3.35　绘制两个小同心圆

(1) 使用 CIRCLE 绘制两个小同心圆,如图 3.35 所示。

■ 命令:CIRCLE(绘制 1 个小圆形)

指定圆的圆心或[三点(3P)/两点(2P)/相切、相切、半径(T)]:(指定圆心点位置)

指定圆的半径或[直径(D)]<0.000>:250(输入圆形半径或在屏幕上直接点取)

■ 命令:OFFSET(偏移得到同心圆)

当前设置:删除源=否　图 3.层=源　OFFSETGAPTYPE=0

指定偏移距离或[通过(T)/删除(E)/图 3.层(L)]<0.0000>:50

选择要偏移的对象,或[退出(E)/放弃(U)]<退出>:(回车)

指定要偏移的那一侧上的点,或[退出(E)/多个(M)/放弃(U)]<退出>:(指定要偏移的那一侧上的点)

选择要偏移的对象,或[退出(E)/放弃(U)]<退出>:(回车)

(2) 使用 POLYGON 命令建立 3 个等八边形,其中心点位于圆心位置,如图 3.36 所示。

■ 命令:POLYGON(绘制等边多边形)

输入边的数目 <4>:8(输入等边多边形的边数)

指定正多边形的中心点或[边(E)]:(指定等边多边形中心点位置)

输入选项[内接于圆(I)/外切于圆(C)]<I>:I(输入 I 以内接圆确定等边多边形)

指定圆的半径:1500(指定内接圆半径)

■命令:OFFSET(偏移得到同心等八边形)

当前设置:删除源＝否　图3.层＝源　OFFSETGAPTYPE＝0

指定偏移距离或[通过(T)/删除(E)/图3.层(L)]<0.0000>:50

选择要偏移的对象,或[退出(E)/放弃(U)]<退出>:(回车)

指定要偏移的那一侧上的点,或[退出(E)/多个(M)/放弃(U)]<退出>:(指定要偏移的那一侧上的点)

选择要偏移的对象,或[退出(E)/放弃(U)]<退出>:(回车)

图3.36　建立3个等八边形

图3.37　绘制2条弧线

(3) 绘制2条弧线构成一个梭形状,如图3.37所示。

■命令:ARC(绘制弧线)

指定圆弧的起点或[圆心(C)]:(指定起始点位置)

指定圆弧的第二个点或[圆心(C)/端点(E)]:(指定中间点位置)

指定圆弧的端点:(指定终点位置)

■命令:MIRROR(生成对成弧线)

找到 1 个(选择弧线)

指定镜像线的第一点:

指定镜像线的第二点:

要删除源对象吗?[是(Y)/否(N)]<N>:N(输入 N)

(4) 利用CAD阵列（ARRAY）功能,将梭形弧线造型进行环形阵列（使用 arraypolar 功能命令）,生成全部梭形图形,如图3.38所示。

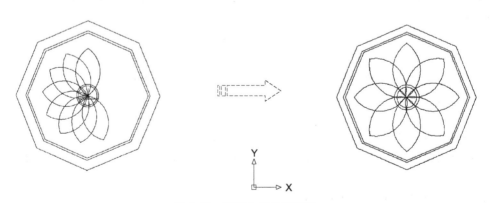

图3.38　阵列生成全部梭形

命令：ARRAYPOLAR

选择对象:指定对角点:找到 2 个

选择对象：

类型＝极轴　关联＝是

指定阵列的中心点或［基点(B)/旋转轴(A)］：

输入项目数或［项目间角度(A)/表达式(E)］＜4＞：8

指定填充角度（＋＝逆时针、－＝顺时针）或［表达式(EX)］＜360＞：360

按 Enter 键接受或［关联(AS)/基点(B)/项目(I)/项目间角度(A)/填充角度(F)/行(ROW)/层(L)/旋转项目(ROT)/退出(X)］＜退出＞：

（5）按上述相同方法，绘制梭形夹角处的弧线，如图 3.39 所示。最后即可完成该复合平面图形绘制。

图 3.39　绘制夹角处弧线完成图形

3.5　AutoCAD 高版本特有的绘图功能

3.5.1　AutoCAD 2017 特有的绘图功能

3.5.1.1　定距等分

定距等分是指沿对象长度或周长按指定间隔创建点对象或块，其 AutoCAD 命令是 MEASURE。启动命令可以通过以下 3 种方式，其绘制方法如下所述：

■ 打开【绘图】下拉菜单选择【定距等分】命令选项。

■ 在"命令："命令行直接输入定距等分命令 MEASURE。

■ 点击"默认"菜单下的"绘图"栏倒三角▼，选择"点"命令选项 中的"定距等分"图标即可。

命令：MEASURE

选择要定距等分的对象：

指定线段长度或［块（B）］：7.85

执行定距等分命令前，可以使用 DDPTYPE 命令设置点的样式及大小，从而更为直观地观察等分效果，如图 3.40 所示。

图 3.40　定距等分

3.5.1.2 **修订云线**（包括矩形修订云线、多边形修订云线、徒手画修订云线）

矩形修订云线是指通过绘制矩形创建修订云线图形。其 AutoCAD 命令是 REVCLOUD。启动命令可以通过以下 2 种方式，其绘制方法如下所述，如图 3.41 所示。打开【绘图】下拉菜单选择【定距等分】命令选项。执行 REVCLOUD 命令后按提示选项输入相应的命令，即可进行多边形修订云线、徒手画修订云线。

(a) 矩形　　　　　　　　　　　(b) 多边形　　　　　　　　　　(c) 徒手画

图 3.41　修订云线

- 在"命令："直接定距等分 REVCLOUD 命令。
- 点击"默认"菜单下的绘图栏倒三角▼，选择"矩形修订云线"即可。

命令：REVCLOUD

最小弧长：1.0000　最大弧长：1.0000　样式：普通　类型：矩形

指定第一个角点或［弧长（A）/对象（O）/矩形（R）/多边形（P）/徒手画（F）/样式（S）/修改（M）］＜对象＞:P

最小弧长：1.0000　最大弧长：1.0000　样式：普通　类型：多边形

指定起点或［弧长（A）/对象（O）/矩形（R）/多边形（P）/徒手画（F）/样式（S）/修改（M）］＜对象＞:

指定下一点：

指定下一点或［放弃（U）］:

指定下一点或［放弃（U）］:

指定下一点或［放弃（U）］:

指定下一点或［放弃（U）］:

指定下一点或［放弃（U）］:

命令：指定对角点或［栏选（F）/圈围（WP）/圈交（CP）］:

此功能除直接绘制修订云线外，还可以将闭合的图形转换为修订云线，见图 3.42。

命令：REVCLOUD

最小弧长：1.0000　最大弧长：1.0000　样式：普通　类型：矩形

指定第一个角点或［弧长（A）/对象（O）/矩形（R）/多边形（P）/徒手画（F）/样式（S）/修改（M）］＜对象＞:A

指定最小弧长＜1.0000＞：2

指定最大弧长＜2.0000＞：3

指定第一个角点或［弧长（A）/对象（O）/矩形（R）/多边形（P）/徒手画（F）/样式（S）/修改（M）］＜对象＞：O

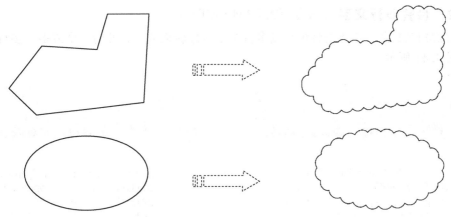

图 3.42　将闭合的图形转换为修订云线

选择对象：

反转方向［是（Y)/否（N)］＜否＞:N

修订云线完成。

3.5.2　AutoCAD 2018 特有的绘图功能

3.5.2.1　定数等分

此功能创建沿对象的长度或周长等间隔排列的点对象或块，创建的点对象数比指定的线段数少 1 个，其 AutoCAD 命令是 DIVIDE。启动命令可以通过以下 3 种方式，其绘制方法如下所述。

■ 打开【绘图】下拉菜单选择【定数等分】命令选项。

■ 在"命令："命令行直接输入定数等分命令 DIVIDE。

■ 点击"默认"菜单下的"绘图"栏倒三角▼，选择"点"命令选项 中的"定数等分"图标即可。

命令：DIVIDE

选择要定数等分的对象：（选择图形对象）

输入线段数目或［块（B)］：6

执行定数等分命令前，可以先使用 PTYPE、DDPTYPE 命令设置点的样式及大小，从而更为直观地观察等分效果，如图 3.43 所示。

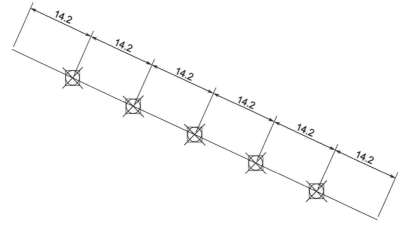

图 3.43　定数等分

3.5.2.2　合并多行文字（命令 TXT2MTXT）

TXT2MTXT 命令功能是将单行或多行文字对象转换或者合并为一个或多个多行文字对象，如图 3.44 所示。

autocad 2018 abc line pline new
cad CAD DWG dwg open in tv
CAD绘图软件window系统要求
绘图要求复式房天然居突然间
标注尺寸存储位置文字

autocad 2018 abc line pline new
cad CAD DWG dwg open in tv
CAD绘图软件window系统要求 绘
图要求复式房天然居突然间 标注尺
寸存储位置文字

图 3.44　合并多行文字为一个多行文字

命令：TXT2MTXT

选择要合并的文字对象...

窗交（C）套索　按空格键可循环浏览选项找到 0 个

选择对象或 [设置（SE）]：找到 1 个

选择对象或 [设置（SE）]：找到 1 个，总计 2 个

选择对象或 [设置（SE）]：找到 1 个，总计 3 个

选择对象或 [设置（SE）]：找到 1 个，总计 4 个

选择对象或 [设置（SE）]：（回车）

5 个文字对象已删除，1 个多行文字对象已添加。

Chapter **4**

第4章

家具设计CAD图形修改和编辑基本方法

本章将详细阐述使用 AutoCAD 进行家具设计绘图中的 CAD 图形修改和编辑功能基本方法，包括删除、复制、移动、旋转、镜像和剪切等各种操作。AutoCAD 的编辑修改功能与其绘图功能一样强大，使用方便，用途广泛，是家具设计绘图及文件制作的好帮手。

4.1 家具设计 CAD 图形常用编辑与修改方法

4.1.1 删除和复制图形

4.1.1.1 删除图形

删除编辑功能的 AutoCAD 命令为 ERASE（简写形式为 E）。

启动删除命令可以通过以下 3 种方式：

- 打开【修改】下拉菜单选择【删除】命令选项。
- 单击"修改"工具栏上的"删除"命令图标。
- 在"命令："命令行提示下直接输入 ERASE 或 E 命令。

选择图形对象后，可以按"Delete"按键同样可以删除图形对象，作用与 ERASE 一样。以在"命令："直接输入 ERASE 或 E 命令为例，说明删除编辑功能的使用方法，如图 4.1 所示。

图 4.1 删除编辑功能

命令：ERASE(执行删除编辑功能)

选择对象：找到 1 个(依次选择要删除的图线)

选择对象：找到 1 个,总计 2 个

选择对象：找到 1 个,总计 3 个

选择对象：(回车,图形的一部分被删除)

4.1.1.2 复制图形

要获得相同的图形对象，可以复制生成。复制编辑功能的 AutoCAD 命令为 COPY（简写形式为 CO 或 CP）。启动复制命令可以通过以下 3 种方式：

- 打开【修改】下拉菜单选择【复制】命令选项。
- 单击"修改"工具栏上的"复制"命令图标。
- 在"命令："命令行提示下直接输入 COPY 或 CP 命令。

复制编辑操作有两种方式，即只复制一个图形对象和复制多个图形对象。以在"命令："直接输入 COPY 或 CP 命令为例，说明复制编辑功能的使用方法，如图 4.2 所示。

侧立面

(a) 单一复制图形

有五个副本在线性阵列中

在基点和第二个点之间有五个副本
布满在线性阵列中

(b) 使用阵列多个复制

图 4.2　复制图形

(1) 进行图形对象单一复制

命令：COPY

选择对象：找到 1 个

选择对象：(回车)

当前设置：复制模式＝多个

指定基点或[位移(D)/模式(O)]＜位移＞：

指定第二个点或[阵列(A)]＜使用第一个点作为位移＞：

指定第二个点或[阵列(A)/退出(E)/放弃(U)]＜退出＞：

……

指定第二个点或[阵列(A)/退出(E)/放弃(U)]＜退出＞：

(2) 进行图形对象阵列复制

命令：COPY

选择对象：找到 1 个(选择图形)

选择对象:(回车)

当前设置:复制模式＝多个

指定基点或[位移(D)/模式(O)]＜位移＞:(指定复制图形起点位置)

指定第二个点或[阵列(A)]＜使用第一个点作为位移＞:(进行复制,指定复制图形复制点位置)

指定第二个点或[阵列(A)/退出(E)/放弃(U)]＜退出＞:a(输入 A 指定在线性阵列中排列的副本数量,确定阵列相对于基点的距离和方向。默认情况下,阵列中的第一个副本将放置在指定的位移;其余的副本使用相同的增量位移放置在超出该点的线性阵列中)

输入要进行阵列的项目数:5

指定第二个点或[布满(F)]:

指定第二个点或[阵列(A)/退出(E)/放弃(U)]＜退出＞:

指定第二个点或[阵列(A)/退出(E)/放弃(U)]＜退出＞:(回车)

4.1.2　镜像和偏移图形

4.1.2.1　镜像图形

镜像编辑功能的 AutoCAD 命令为 MIRROR（简写形式为 MI）。镜像生成的图形对象与原图形对象呈某种对称关系（如左右对称、上下对称）。启动 MIRROR 命令可以通过以下 3 种方式：

■ 打开【修改】下拉菜单选择【镜像】命令选项。

■ 单击"修改"工具栏上的"镜像"命令图标。

■ 在"命令:"命令行提示下直接输入 MIRROR 或 MI 命令。

镜像编辑操作有两种方式，即镜像后将原图形对象删除和镜像后将原图形对象保留。以在"命令:"直接输入 MIRROR 或 MI 命令为例，说明镜像编辑功能的使用方法，如图 4.3 所示。

图 4.3　不同方向镜像图形

命令:MIRROR(进行镜像得到一个对称部分)

选择对象:找到 21 个(选择图形)

选择对象:(回车)

指定镜像线的第一点:(指定镜像第一点位置)

指定镜像线的第二点：（指定镜像第二点位置）

要删除源对象吗？[是（Y）/否（N）]＜N＞：N（输入 N 保留原有图形，输入 Y 删除原有图形）

4.1.2.2　偏移图形

偏移编辑功能主要用来创建平行的图形对象，其命令为 OFFSET（简写形式为 O）。启动 OFFSET 命令可以通过以下 3 种方式：

- 打开【修改】下拉菜单选择【偏移】命令选项。
- 单击"修改"工具栏上的"偏移"命令图标。
- 在"命令："命令行提示下直接输入 OFFSET 或 O 命令。

以在"命令："直接输入 OFFSET 或 O 命令为例，说明偏移编辑功能的使用方法，如图 4.4 所示。在进行偏移编辑操作时，若输入的偏移距离或指定通过点位置过大，则得到的图形将有所变化，如图 4.5 所示。

图 4.4　偏移编辑功能

图 4.5　偏移后图形改变

命令：OFFSET（偏移生成形状相似的图形）

当前设置：删除源＝否　图层＝源　OFFSETGAPTYPE＝0

指定偏移距离或[通过（T）/删除（E）/图层（L）]＜0.0000＞：100（输入偏移距离或指定通过点位置）

选择要偏移的对象，或[退出（E）/放弃（U）]＜退出＞：（选择要偏移的图形）

指定要偏移的那一侧上的点，或[退出（E）/多个（M）/放弃（U）]＜退出＞：（指定偏移方向位置）

选择要偏移的对象，或[退出（E）/放弃（U）]＜退出＞：（回车结束）

4.1.3　阵列与移动图形

4.1.3.1　阵列图形

利用阵列编辑功能可以快速生成多个图形对象，其 AutoCAD 的命令为 ARRAY（简写形式为 AR）命令。启动 ARRAY 命令可以通过以下 3 种方式：

- 打开【修改】下拉菜单选择【阵列】命令选项。
- 单击"修改"工具栏上的"阵列"命令图标。
- 在"命令："命令行提示下直接输入 ARRAY 或 AR 命令。

执行 ARRAY 命令后，AutoCAD 可以按矩形阵列图形对象、按路径阵列图形对象或按环形阵列图形对象。

以在"命令："直接输入 ARRAY 或 AR 命令为例，说明阵列编辑功能的使用方法：

（1）进行环形（极轴可以使用 arraypolar 功能命令）阵列图形，如图 4.6 所示。

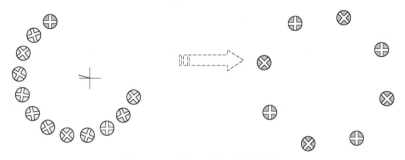

图 4.6　环形（极轴）阵列图形

命令：ARRAY 或 arraypolar

选择对象：找到 1 个

选择对象：

输入阵列类型［矩形(R)/路径(PA)/极轴(PO)］＜极轴＞：po

类型＝极轴　关联＝是

指定阵列的中心点或［基点(B)/旋转轴(A)］：

输入项目数或［项目间角度(A)/表达式(E)］＜4＞：8

指定填充角度（＋＝逆时针、－＝顺时针）或［表达式(EX)］＜360＞：360

按 Enter 键接受或［关联(AS)/基点(B)/项目(I)/项目间角度(A)/填充角度(F)/行(ROW)/层(L)/旋转项目(ROT)/退出(X)］＜退出＞：(回车)

（2）进行路径阵列（可以 ARRAYPATH 功能命令）图形，如图 4.7 所示。

图 4.7　路径阵列

命令：ARRAYPATH

选择对象：指定对角点：找到 14 个

选择对象：

类型＝路径　关联＝是

选择路径曲线：

输入沿路径的项数或［方向(O)/表达式(E)］＜方向＞：6

指定沿路径的项目之间的距离或［定数等分(D)/总距离(T)/表达式(E)］＜沿路径平均定数等分(D)＞：D

按 Enter 键接受或［关联(AS)/基点(B)/项目(I)/行(R)/层(L)/对齐项目(A)/Z 方向(Z)/退出(X)］＜退出＞：

（3）进行矩形阵列（可以使用 ARRAYRECT 功能命令）图形，如图 4.8 所示。

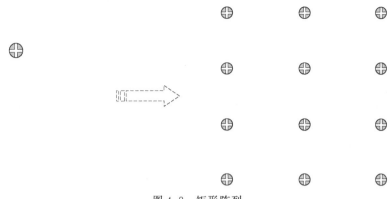

图 4.8　矩形阵列

命令：ARRAYRECT

选择对象：指定对角点:找到 14 个

选择对象：

类型＝矩形　关联＝是

为项目数指定对角点或［基点(B)/角度(A)/计数(C)］＜计数＞：c

输入行数或［表达式(E)］＜4＞：4

输入列数或［表达式(E)］＜4＞：3

指定对角点以间隔项目或［间距(S)］＜间距＞：200

按 Enter 键接受或［关联(AS)/基点(B)/行(R)/列(C)/层(L)/退出(X)］＜退出＞：

4.1.3.2　移动图形

移动编辑功能的 AutoCAD 命令为 MOVE（简写形式为 M）。启动 MOVE 命令可以通过以下 3 种方式：

■ 打开【修改】下拉菜单选择【移动】命令选项。

■ 单击"修改"工具栏上的"移动"命令图标。

■ 在"命令:"命令行提示下直接输入 MOVE 或 M 命令。

以在"命令:"直接输入 MOVE 或 M 命令为例，说明移动编辑功能的使用方法，如图 4.9 所示。

(a)移动进行中　　　　　　　　　　　　　　　(b)移动结果

图 4.9　移动图形

命令：MOVE(移动命令)

选择对象：指定对角点:找到 22 个(选择对象)

选择对象：(回车)

指定基点或[位移(D)]<位移>：(指定移动基点位置)

指定第二个点或<使用第一个点作为位移>：(指定移动位置)

4.1.4　旋转与拉伸图形

4.1.4.1　旋转图形

旋转编辑功能的 AutoCAD 命令为 ROTATE（简写形式为 RO）。启动 ROTATE 命令可以通过以下 3 种方式：

- 打开【修改】下拉菜单选择【旋转】命令选项。
- 单击"修改"工具栏上的"旋转"命令图标。
- 在"命令："命令行提示下直接输入 ROTATE 或 RO 命令。

输入旋转角度若为正值（+），则对象逆时针旋转。输入旋转角度若为负值（-），则对象顺时针旋转。以在"命令："直接输入 ROTATE 或 RO 命令为例，说明旋转编辑功能的使用方法，如图 4.10 所示。

图 4.10　旋转图形

命令：ROTATE(将图形对象进行旋转)

UCS 当前的正角方向：ANGDIR＝逆时针　　ANGBASE＝0

选择对象：找到 1 个(选择图形)

选择对象：(回车)

指定基点：(指定旋转基点)

指定旋转角度，或[复制(C)/参照(R)]<0>：60(输入旋转角度为负值按顺时针旋转，若输入为正值则按逆时针旋转)

4.1.4.2　拉伸图形

拉伸编辑功能的 AutoCAD 命令为 STRETCH（简写形式为 S）。启动 STRETCH 命令可以通过以下 3 种方式：

- 打开【修改】下拉菜单选择【拉伸】命令选项。
- 单击"修改"工具栏上的"拉伸"命令图标。
- 在"命令："命令行提示下直接输入 STRETCH 或 S 命令。

以在"命令："直接输入 STRETCH 或 S 命令为例，说明拉伸编辑功能的使用方法，拉伸图形时常常使用穿越方式选择图形比较方便，如图 4.11 所示。

命令：STRETCH(将图形对象进行拉伸)

以交叉窗口或交叉多边形选择要拉伸的对象...

选择对象：指定对角点：找到 1 个(以穿越方式选择图形)

选择对象：(回车)

图 4.11　拉伸图形

指定基点或［位移(D)］＜位移＞：（指定拉伸基点）
指定第二个点或＜使用第一个点作为位移＞：（指定拉伸位置点）

4.1.5　分解与打断图形

4.1.5.1　分解图形

AutoCAD 提供了将图形对象分解的功能命令 EXPLODE（简写形式为 X）。EXPLODE 命令可以将多段线、多行线、图块、填充图案和标注尺寸等从创建时的状态转换或化解为独立的对象。许多图形无法编辑修改时，可以试一试分解功能命令，或许会有帮助。但图形分解保存退出文件后是不能复原的。注意若线条是具有一定宽度的多段线，分解后宽度为默认的 0 宽度线条。

启动 EXPLODE 命令可以通过以下 3 种方式：

■ 打开【修改】下拉菜单中的【分解】命令。

■ 单击"修改"工具栏上的"分解"图标按钮。

■ 在"命令："提示符下输入 EXPLODE 或 X 并回车。

按上述方法激活 EXPLODE 命令后，AutoCAD 操作提示如下，如图 4.12 所示。

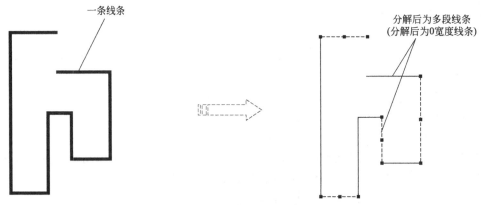

图 4.12　分解图形对象

命令：EXPLODE

选择对象：指定对角点：找到 1 个（选择多段线）

选择对象：（选择要分解的多段线对象,回车后选中的多段线对象将被分解多个直线段）

4.1.5.2　打断图形

打断编辑功能的 AutoCAD 命令为 BREAK（简写形式为 BR）。启动 BREAK 命令可以通过以下 3 种方式：

- 打开【修改】下拉菜单选择【打断】命令选项。
- 单击"修改"工具栏上的"打断"命令图标。
- 在"命令："命令行提示下直接输入 BREAK 或 BR 命令。

以在"命令："直接输入 BREAK 或 BR 命令为例，说明打断编辑功能的使用方法，如图 4.13 所示。

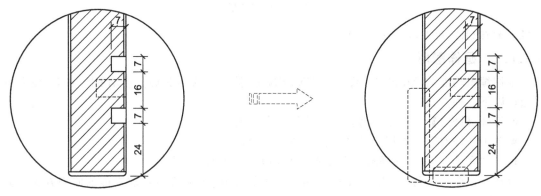

图 4.13　打断编辑功能

命令：BREAK(将图形对象打断)

选择对象：(选择对象)

指定第二个打断点 或[第一点(F)]：(指定第 2 点位置或回车指定第一点)

4.1.6　修剪与延伸图形

4.1.6.1　修剪图形

剪切编辑功能的 AutoCAD 命令为 TRIM（简写形式为 TR）。启动 TRIM 命令可以通过以下 3 种方式：

- 打开【修改】下拉菜单选择【修剪】命令选项。
- 单击"修改"工具栏上的"修剪"命令图标。
- 在"命令："命令行提示下直接输入 TRIM 或 TR 命令。

以在"命令："直接输入 TRIM 或 TR 命令为例，说明修剪编辑功能的使用方法，如图 4.14 所示。

命令：TRIM(对图形对象进行修剪)

当前设置：投影＝UCS,边＝无

选择剪切边...

选择对象或 ＜全部选择＞：找到 1 个(选择修剪边界)

选择对象：(回车)

选择要修剪的对象,或按住 Shift 键选择要延伸的对象,或[栏选(F)/窗交(C)/投影(P)/边(E)/删除(R)/放弃(U)]：(选择修剪对象)

选择要修剪的对象,或按住 Shift 键选择要延伸的对象,或[栏选(F)/窗交(C)/投影(P)/

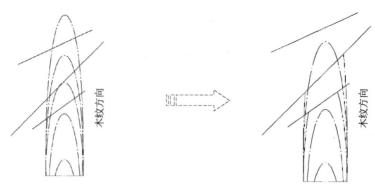

图 4.14　修剪图形

边（E）/删除（R）/放弃（U）］：（回车）

4.1.6.2　延伸图形

延伸编辑功能的 AutoCAD 命令为 EXTEND（简写形式为 EX）。启动 EXTEND 命令可以通过以下 3 种方式：

- 打开【修改】下拉菜单选择【延伸】命令选项。
- 单击"修改"工具栏上的"延伸"命令图标。
- 在"命令："命令行提示下直接输入 EXTEND 或 EX 命令。

以在"命令："直接输入 EXTEND 或 EX 命令为例，说明延伸编辑功能的使用方法，如图 4.15 所示。

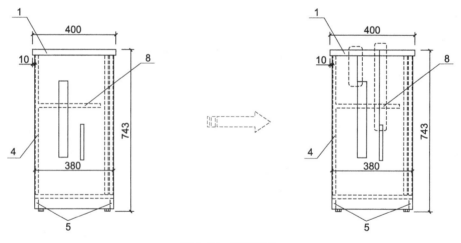

图 4.15　延伸图形

命令：EXTEND（对图形对象进行延伸）

当前设置：投影＝UCS，边＝无

选择边界的边…

选择对象或＜全部选择＞：找到 1 个（选择延伸边界）

选择对象：（回车）

选择要延伸的对象，或按住 Shift 键选择要修剪的对象，或［栏选（F）/窗交（C）/投影（P）/边（E）/放弃（U）］：（选择延伸对象）

选择要延伸的对象，或按住 Shift 键选择要修剪的对象，或［栏选（F）/窗交（C）/投影（P）/

边(E)/放弃(U)]：（回车）

4.1.7　图形倒角与圆角

4.1.7.1　图形倒角

倒角编辑功能的 AutoCAD 命令为 CHAMFER（简写形式为 CHA）。启动 CHAMFER
命令可以通过以下 3 种方式：

- 打开【修改】下拉菜单选择【倒角】命令选项。
- 单击"修改"工具栏上的"倒角"命令图标。
- 在"命令："命令行提示下直接输入 CHAMFER 或 CHA 命令。

以在"命令："直接输入 CHAMFER 或 CHA 命令为例，说明倒直角编辑功能的使用方
法，如图 4.16 所示。

图 4.16　图形倒角

若倒直角距离太大，则不能进行倒直角编辑操作。倒角距离可以相同，也可以不相同，
根据图形需要设置；当 2 条线段还没有相遇在一起，设置倒角距离为 0，则执行倒直角编辑
后线段将延伸直至二者重合。如图 4.17 所示。

图 4.17　图形倒角修改效果

命令：CHAMFER(对图形对象进行倒角)

("修剪"模式)当前倒角距离 1＝0.0000,距离 2＝0.0000

选择第一条直线或[放弃(U)/多段线(P)/距离(D)/角度(A)/修剪(T)/方式(E)/多个(M)]：D(输入 D 设置倒直角距离大小)

指定第一个倒角距离 ＜0.0000＞：500(输入第 1 个距离)

指定第二个倒角距离 ＜0.0000＞：500(输入第 2 个距离)

选择第一条直线或[放弃(U)/多段线(P)/距离(D)/角度(A)/修剪(T)/方式(E)/多个(M)]：(选择第 1 条倒直角对象边界)

选择第二条直线,或按住 Shift 键选择要应用角点的直线：(选择第 2 条倒直角对象边界)

4.1.7.2 图形圆角

倒圆角编辑功能的 AutoCAD 命令为 FILLET（简写形式为 F）。启动 FILLET 命令可以通过以下 3 种方式：

■ 打开【修改】下拉菜单选择【圆角】命令选项。

■ 单击"修改"工具栏上的"圆角"命令图标。

■ 在"命令："命令行提示下直接输入 FILLET 或 F 命令。

以在"命令："直接输入 FILLET 或 F 命令为例,说明倒圆角编辑功能的使用方法,如图 4.18 所示。若倒圆角半径太大,则不能进行倒圆角编辑操作。当两条线段还没有相遇在一起,设置倒角半径为 0,执行倒圆角编辑后线段将延伸直至二者重合。如图 4.19 所示。

图 4.18　图形倒圆角

(a) 倒圆角半径大小　　　　　　　　　　　　(b) 不同倒角半径

图 4.19　图形倒圆角修改

命令：FILLET(对图形对象进行倒圆角)

当前设置：模式＝修剪,半径＝0.0000

选择第一个对象或[放弃(U)/多段线(P)/半径(R)/修剪(T)/多个(M)]：R(输入 R 设置倒圆角半径大小)

指定圆角半径 ＜0.0000＞：900(输入半径大小)

选择第一个对象或[放弃(U)/多段线(P)/半径(R)/修剪(T)/多个(M)]：(选择第 1 条倒圆角对象边界)

选择第二个对象，或按住 Shift 键选择要应用角点的对象：(选择第 2 条倒圆角对象边界)

4.1.8 缩放（放大与缩小）图形

放大与缩小（即缩放）编辑功能的 AutoCAD 命令均为 SCALE（简写形式为 SC）。启动 SCALE 命令可以通过以下 3 种方式：

- 打开【修改】下拉菜单选择【缩放】命令选项。
- 单击"修改"工具栏上的"缩放"命令图标。
- 在"命令："命令行提示下直接输入 SCALE 或 SC 命令。

所有图形在同一操作下是等比例进行缩放的。输入缩放比例小于 1（如 0.6），则对象被缩小相应比例。输入缩放比例大于 1（如 2.6），则对象被放大相应倍数。以在"命令："直接输入 SCALE 或 SC 命令为例，说明缩放编辑功能的使用方法，如图 4.20 所示。

图 4.20　缩放图形

命令：SCALE(等比例缩放)

选择对象：找到 1 个(选择图形)

选择对象：(回车)

指定基点：(指定缩放基点)

指定比例因子或[复制(C)/参照(R)] ＜1.5000＞：3(输入缩放比例)

4.1.9 拉长图形

拉长编辑功能的 AutoCAD 命令均为 LENGTHEN（简写形式为 LEN），可以将更改指定为百分比、增量或最终长度或角度，使用 LENGTHEN 即使用 TRIM 和 EXTEND 其中之一。此功能命令仅适用于 LINE 或 ARC 绘制的线条，对 PLINE、SPLINE 绘制的线条不能使用。启动 SCALE 命令可以通过以下 3 种方式：

- 打开【修改】下拉菜单选择【拉长】命令选项。
- 单击"修改"工具栏上的"拉长"命令图标。
- 在"命令："命令行提示下直接输入 LENGTHEN 或 LEN 命令。

所有图形输入数值小于 1，则对象被缩短相应比例。输入数值大于 1，则对象被拉长相应倍数。以在"命令："直接输入 LENGTHEN 或 LEN 命令为例，说明拉长编辑功能的使用方法，如图 4.21 所示。

命令：LENGTHEN(拉长图形)

选择对象或[增量(DE)/百分数(P)/全部(T)/动态(DY)]：P(指定为百分比)

输入长度百分数 ＜0.0000＞：200

选择要修改的对象或[放弃(U)]：(选择要修改的图形)

选择要修改的对象或[放弃(U)]：

……

选择要修改的对象或[放弃(U)]：(回车)

图 4.21 拉长图形

图 4.22 拉长图形方向

另外，单击方向与拉长或缩短方向有关，单击线段某端则向该端方向拉长或缩短，如图 4.22 所示。

4.2 图形其他编辑和修改方法

除了复制、偏移、移动和修剪等基本编辑修改功能外，AutoCAD 提供了一些特殊的编辑与修改图形方法，包括多段线和样条曲线的编辑、取消和恢复操作步骤、对象属性的编辑等方法。

4.2.1 放弃和重做（取消和恢复）操作

在绘制或编辑图形时，常常会遇到错误或不合适的操作要取消或者想返回到前面的操作步骤状态中。AutoCAD 提供了几个相关的功能命令，可以实现前面的绘图操作要求。

4.2.1.1 逐步取消操作（U）

U 命令的功能是取消前一步命令操作及其所产生的结果，同时显示该次操作命令的名称。启动 U 命令可以通过以下 3 种方式：

■ 打开【编辑】下拉菜单选择【放弃（U）"＊＊＊"】命令选项，其中"＊＊＊"代表前一步操作功能命令。

■ 单击"标准"工具栏上的"放弃"命令图标。

■ 在"命令："命令行提示下直接输入 U 命令。

■ 使用快捷键【Ctrl】＋Z。

图 4.23 U 命令编辑功能

按上述方法执行 U 命令后即可取消前一步命令操作及其所产生的结果，若继续按【Enter】按键，则会逐步返回到操作刚打开（开始）时的图形状态。以在"命令："直接输入 U 命令为例，说明 U 命令编辑功能的使用方法，如图 4.23 所示。

命令：U
RECTANG

4.2.1.2 限次取消操作（UNDO）

UNDO 命令的功能与 U 基本相同，主要区别在于 UNDO 命令可以取消指定数量的前面一组命令操作及其所产生的结果，同时也显示有关操作命令的名称。启动 UNDO 命令可以通过在"命令："命令行提示下直接输入 UNDO 命令。

执行 UNDO 命令后，AutoCAD 提示：

命令：UNDO

当前设置：自动＝开，控制＝全部，合并＝是，图层＝是

输入要放弃的操作数目或［自动(A)/控制(C)/开始(BE)/结束(E)/标记(M)/后退(B)］
＜1＞：2

GROUP ERASE

4.2.1.3　恢复操作（REDO）

REDO 功能命令允许恢复上一个 U 或 UNDO 所做的取消操作。要恢复上一个 U 或 UNDO 所做的取消操作，必须在该取消操作进行后立即执行，即 REDO 必须在 U 或 UNDO 命令后立即执行。

启动 REDO 命令可以通过以下 4 种方式：

■ 打开【编辑】下拉菜单选择【重做（R）***】命令选项，其中"***"代表前一步取消的操作功能命令。

■ 单击"标准"工具栏上的"重做"命令图标。

■ 在"命令："命令行提示下直接输入 REDO 命令。

■ 使用快捷键【Ctrl】＋Y。

4.2.2　对象特性的编辑和特性匹配

4.2.2.1　编辑对象特性

对象特性是指图形对象所具有的全部特点和特征参数，包括颜色、线型、尺寸大小、角度、质量和重心等系列。属性编辑功能的 AutoCAD 命令为 PROPERTIES（简写形式为 PROPS）。启动 PROPERTIES 命令可以通过以下 5 种方式：

■ 打开【修改】下拉菜单选择【特性】命令选项。

■ 单击"标准"工具栏上的"特性"命令图标。

■ 在"命令："命令行提示下直接输入 PROPERTIES 命令。

■ 使用快捷键【Ctrl】＋1。

■ 选择图形对象后单击鼠标右键，在屏幕上弹出的快捷菜单中选择特性（Properties）命令选项。

按上述方法执行属性编辑功能命令后，AutoCAD 将弹出 Properties 对话框。如图 4.24 所示。在该对话框中，可以单击要修改的属性参数所在行的右侧，直接进行修改或在出现的一个下拉菜单选择需要的参数。如图 4.25 所示。可以修改的参数包括颜色、图层、线型、线型比例、线宽、坐标和长度、角度等各项相关指标。

图 4.24　Properties 对话框

图 4.25　修改参数（颜色）

4.2.2.2　特性匹配

特性匹配是指将所选图形对象的属性复制到另外一个图形对象上，使其具有相同的某些参数特征。特性匹配编辑功能的 AutoCAD 命令为 MATCHPROP（简写形式为 MA）。启动 MATCHPROP 命令可以通过以下 3 种方式：

- 打开【修改】下拉菜单选择【特性匹配】命令选项。
- 单击"标准"工具栏上的"特性匹配"命令图标。
- 在"命令："命令行提示下直接输入 MATCHPROP 命令。

执行该命令后，光标变为一个刷子形状，使用该刷子即可进行特性匹配，包括改变为相同的线型、颜色、字高、图层等。

以在"命令："直接输入 MATCHPROP 命令为例，说明特性匹配编辑功能的使用方法，如图 4.26 所示。

图 4.26　进行特性匹配（文字）

命令：MATCHPROP(特性匹配)

当前活动设置：颜色 图层 线型 线型比例 线宽 厚度 打印样式 文字 标注 填充图案

选择目标对象或[设置(S)]：(使用该刷子状光标选择源特性匹配图形对象)

选择目标对象或[设置(S)]：(使用该刷子状光标即可进行特性匹配)

……

选择目标对象或[设置(S)]：(回车)

4.2.3　多段线和样条曲线的编辑

多段线和样条曲线编辑修改，需使用其专用编辑命令。

4.2.3.1　多段线编辑修改

多段线专用编辑命令是 PEDIT，启动 PEDIT 编辑命令可以通过以下 4 种方式：

- 打开【修改】下拉菜单中的【对象】子菜单，选择其中的【多段线】命令。
- 单击"修改Ⅱ"工具栏上的"编辑多段线"按钮。
- 在"命令："命令提示行下直接输入命令 PEDIT。
- 用鼠标选择多段线后，在绘图区域内单击鼠标右键，然后在弹出的快捷菜单上选择"多段线"命令。

以在"命令："直接输入 PEDIT 命令为例，说明多段线的编辑修改方法，如图 4.27 所示。

命令：PEDIT(输入编辑命令)

选择多段线或[多条(M)]：(选择多段线)

输入选项[闭合(C)/合并(J)/宽度(W)/编辑顶点(E)/拟合(F)/样条曲线(S)/非曲线化(D)/线型生成(L)/反转(R)/放弃(U)]：W(输入 W 编辑宽度)

指定所有线段的新宽度：150(输入宽度)

输入选项[闭合(C)/合并(J)/宽度(W)/编辑顶点(E)/拟合(F)/样条曲线(S)/非曲线化(D)/线型生成(L)/反转(R)/放弃(U)]：(回车)

图 4.27　多段线编辑　　　　　　　　　　图 4.28　样条曲线编辑

4.2.3.2　样条曲线编辑修改

样条曲线专用编辑命令是 SPLINEDIT，启动 SPLINEDIT 编辑命令可以通过以下 4 种方式：

- 打开【修改】下拉菜单中的【对象】子菜单，选择其中的【样条曲线】命令。
- 单击"修改Ⅱ"工具栏上的"编辑样条曲线"按钮。
- 在"命令："提示下输入命令 SPLINEDIT。
- 用鼠标选择曲线后，在绘图区域内单击鼠标右键，然后在弹出的快捷菜单上选择"样条曲线"命令。

以在"命令："直接输入 SPLINEDIT 命令为例，说明样条曲线的编辑修改方法，如图 4.28 所示。

命令：SPLINEDIT（编辑样条曲线）

选择样条曲线：（选择样条曲线图形）

输入选项［拟合数据(F)/闭合(C)/移动顶点(M)/优化(R)/反转(E)/转换为多段线(P)/放弃(U)］：p（输入 P 转换为多段线）

指定精度 ＜99＞：0

4.2.4　多线的编辑

多线专用编辑命令是 MLEDIT，启动 MLEDIT 编辑命令可以通过以下 2 种方式：

- 打开【修改】下拉菜单中的【对象】子菜单，选择其中的【多线】命令。
- 在"命令："提示下输入命令 MLEDIT。

按上述方法执行 MLEDIT 编辑命令后，AutoCAD 弹出一个多线编辑工具对话框，如图 4.29 所示。若单击其中的一个图标，则表示使用该种方式进行多线编辑操作。

图 4.29　多线编辑工具

图 4.30　十字交叉多线编辑

以在"命令:"直接输入 MLEDIT 命令为例，说明多线的编辑修改方法。

（1）十字交叉多线编辑，单击对话框中的十字打开图标，得到如图 4.30 所示效果。

命令：MLEDIT

选择第一条多线：

选择第二条多线：

选择第一条多线或［放弃(U)］：

（2）T 型交叉多行线编辑，单击对话框中的 T 型闭合图标，得到如图 4.31 所示效果。

命令：MLEDIT

选择第一条多线：

选择第二条多线：

选择第一条多线或［放弃(U)］：

（3）多行线的角点和顶点编辑，单击对话框中的角点结合图标，得到如图 4.32 所示效果。

图 4.31　T 型闭合　　　　　　　　　　　　图 4.32　角点结合

命令：MLEDIT

选择第一条多线：

选择第二条多线：

选择第一条多线或［放弃(U)］：

4.2.5　图案的填充与编辑方法

图案的填充功能是指某种有规律的图案填充到其他图形整个或局部区域中，所使用的填充图案一般为 AutoCAD 系统提供，也可以建立新的填充图案。如图 4.33 所示。图案主要用来区分工程的部件或表现组成对象的材质，可以使用预定义的填充图案，用当前的线型定义简单直线图案，或者创建更加复杂的填充图案。图案的填充功能 AutoCAD 命令包括

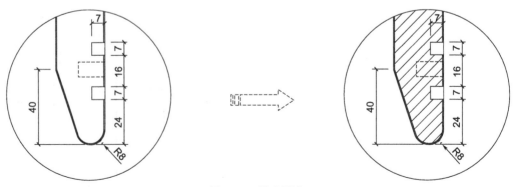

图 4.33　填充图案

BHATCH、HATCH，二者功能相同。

4.2.5.1 图案填充功能及使用

启动"图案填充功能"命令可以通过以下 3 种方式：

■ 打开【绘图】下拉菜单中的【图案填充】命令。

■ 单击"绘图"工具栏上的"图案填充"按钮。

■ 在"命令:"提示下输入命令 HATCH 或 BHATCH。

按上述方法执行"图案填充"命令后，AutoCAD 弹出一个"图案填充和渐变色"对话框，如图 4.34 所示，在该对话框可以进行定义边界、图案类型、图案比例、图案角度和图案特性以及定制填充图案等参数设置操作。使用该对话框就可以实现对图形进行图案操作。下面结合如图 4.35 所示的图形作为例子，说明有关参数设置和使用方法。

图 4.34　图案填充和渐变色对话框

图 4.35　进行图案填充图形

在进行填充操作时，填充区域的边界必须是封闭的，否则不能进行填充或填充结果错误。

以在"命令:"直接输入 BHATCH 命令，及如图 4.35 所示的多边形、椭圆形等图形为例，说明对图形区域进行图案填充的方法。

（1）在"命令:"提示下输入命令 HATCH。

（2）在"图案填充和渐变色"对话框中选择图案填充选项，再在类型与图案栏下，单击图案右侧的三角图标选择填充图形的名称，或单击右侧的省略号（…）图标，弹出填充图案选项板对话框，根据图形的直观效果选择要填充图案类型，单击确定，如图 4.36 所示。

图 4.36　选择填充图形

图 4.37　点取选择对象

（3）返回前一步"图案填充和渐变色"对话框，单击右上角边界栏下"添加：拾取点"或"添加：选择对象"图标，AutoCAD 将切换到图形屏幕中，在屏幕上选取图形内部任一位置点或选择图形，该图形边界线将变为虚线，表示该区域已选中，然后按下【Enter】键返回对话框，如图 4.37 所示。也可以逐个选择图形对象的边，如图 4.38 所示。

（4）接着在"图案填充和渐变色"对话框中，在角度和参数栏下，设置比例、角度等参数，以此控制所填充图案的密度大小、与水平方向的倾角大小。角度、比例可以直接输入需要的数字，如图4.39所示。

图4.38　选取图形边界线　　　　　　　　图4.39　设置角度、比例参数

（5）设置关联特性参数。在对话框选项栏下，选择勾取关联或不关联，如图4.40所示。关联或不关联是指所填充的图案与图形边界线相互关系的一种特性。若拉伸边界线时，所填充的图形随之紧密变化，则属于关联，反之为不关联。如图4.41所示。

图4.40　设置关联特性　　　　　　　　　　图4.41　关联的作用示意

（6）单击"确定"确认进行填充，完成填充操作，如图4.42所示。对两个或多个相交图形的区域，无论其如何复杂，均可以使用与上述一样的方法，直接使用鼠标选取要填充图案的区域即可，其他参数设置完全一样，如图4.43所示。若填充区域内有文字时，选择该区域进行图案填充，所填充的图案并不穿越文字，文字仍可清晰可见。也可以使用"选择对象"分别选取边界线和文字，其图案填充效果一致，如图4.44所示。

图4.42　完成填充操作　　　　　　　　　　图4.43　直接选取区域

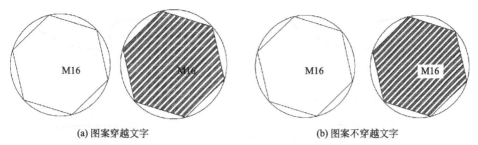

(a) 图案穿越文字　　　　　　　　　　(b) 图案不穿越文字

图 4.44　图案与文字关系

4.2.5.2　编辑图案填充

编辑图案填充的功能是指修改填充图案的一些特性，包括其造型、比例、角度和颜色等。其 AutoCAD 命令为 HATCHEDIT。

启动 HATCHEDIT 编辑命令可以通过以下 3 种方式：

■ 打开【修改】下拉菜单中的【对象】命令选项，在子菜单中选择【图案填充】命令。
■ 单击 "修改Ⅱ" 工具栏上的 "编辑图案填充" 按钮。
■ 在 "命令:" 提示下输入命令 HATCHEDIT。

按上述方法执行 HATCHEDIT 编辑命令后，AutoCAD 要求选择要编辑的填充图案，然后弹出一个对话框，如图 4.45 所示，在该对话框可以进行定义边界、图案类型、图案比例、图案角度和图案特性以及定制填充图案等参数修改，其操作方法与进行填充图案操作是一致的。填充图案经过编辑后，如图 4.46 所示。

图 4.45　填充图案编辑对话框

图 4.46　填充图案编辑

4.2.6　AutoCAD 高版本 2017/2018 特有编辑修改功能

（1）光顺曲线　光顺曲线是指在 2 条开放曲线的端点之间创建相切或平滑的样条曲线。其 AutoCAD 命令是 BLEND。启动命令可以通过以下两种方式，其绘制方法如下，如图 4.47 所示。

■ 在 "命令:" 命令行直接输入定距等分命令 BLEND。
■ 点击 "修改" 菜单下选择 "光顺曲线" 即可。

命令：BLEND

连续性＝相切

选择第一个对象或 [连续性（CON）]：

选择第二个点：

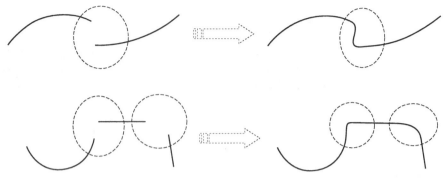

图 4.47　光顺曲线

（2）对齐　对齐是指在二维及三维空间中将对象与其他对象对齐。其 AutoCAD 命令是 ALIGN。启动命令可以通过以下两种方式，其绘制方法如下，如图 4.48 所示。

图 4.48　对齐

- 在"命令："命令行直接输入对齐命令 ALIGN。
- 点击"修改"菜单下选择"对齐"即可。

命令：ALIGN

选择对象：找到 1 个（选择图形-矩形）

选择对象：

指定第一个源点：（点取 1 点）

指定第一个目标点：（点取 2 点）

指定第二个源点：（点取 3 点）

指定第二个目标点：（点取 4 点）

指定第三个源点或＜继续＞：（回车）

是否基于对齐点缩放对象？［是（Y）/否（N）］＜否＞:N

4.3　图块功能与编辑

将某个元素或多个元素组成的图形对象定制为一个整体图形，该整体图形即是 AutoCAD 中的图块。图块具有自己的特性，此外组成其中的各个对象有自己的图层、线型和颜色等特性。可以对图块进行复制、旋转、删除和移动等编辑修改操作。图块的作用主要是避免许多重复性的操作，提高设计与绘图效率和质量。

4.3.1　创建图块

AutoCAD 创建图块的功能命令是 BLOCK。启动 BLOCK 命令可以通过以下 3 种方式：

- 打开【绘图】下拉菜单中的【块】子菜单，选择其中的【创建】命令。
- 单击"绘图"工具栏上的"创建块"图标按钮。
- 在"命令:"提示符下输入 BLOCK 并回车。

按上述方法激活 BLOCK 命令后，AutoCAD 系统弹出块定义对话框。在该对话框中的名称栏下输入图块的名称"图块-梁"。如图 4.49 所示。接着在对象栏下单击选择对象图标，单击该图标后系统切换到图形屏幕上，AutoCAD 要求选择图形，可以使用光标直接选取图形，回车后该图形将加入到图块中，如图 4.50 所示。

图 4.49　块定义对话框

图 4.50　选取图形

选择图形对象后按下【Enter】键系统将切换到对话框中，在基点栏下单击拾取点图标，指定该图块插入点的位置，也可以在其下面的 X、Y、Z 空白栏中直接输入坐标点（X、Y、Z）。图块插入点的位置为在绘图时插入该图块的基准点和图块的旋转与缩放基点。AutoCAD 默认的基点是坐标系的原点。单击该图标后系统切换到图形屏幕上，AutoCAD 要求选择图块插入点的位置。可以使用光标直接选取位置点，回车确认后该将返回块定义对话框中，如图 4.51 所示。

图 4.51　指定图块插入点

图 4.52　设置预览图标和单位

此外在该对话框中，可以为图块设置一个预览图标，并保存在图块中。同时可以设置图块的尺寸单位（毫米、厘米等），如图 4.52 所示。

最后单击确定按钮完成图块的创建操作。该图块将保存在当前的图形中，若未保存图形，则图块也未能保存。

4.3.2　插入图块

4.3.2.1　插入单个图块

单图块插入是指在图形中逐个插入图块。要在图形中插入图块，需先按前面有关论述定义图块。AutoCAD 插入图块的功能命令是 INSERT。启动 INSERT 命令可以通过以下 3 种方式：

■ 打开【插入】下拉菜单中的【块】命令。

■ 单击"插入点"工具栏上的"插入块"图标按钮。

■ 在"命令:"提示符下输入 INSERT 并回车。

按上述方法激活插入图块命令后，AutoCAD 系统弹出插入对话框。在该对话框中的名称选项区域右边选择要插入的图块名称（可以单击小三角图标打开下拉栏选择），例如前面创建的"图块-梁"。在该对话框中还可以设置插入点、缩放比例和旋转角度等，如图 4.53(a) 所示。

(a) 插入图块对话框　　　　　　　　　　　　(b) 插入图块

图 4.53　插入图块操作

若选取各个参数上面的指定复选框，可以直接在屏幕上使用鼠标进行插入点、比例、旋转角度的控制，如图 4.53(b) 所示。

命令: INSERT

输入 X 比例因子, 指定对角点, 或[角点(C)/XYZ(XYZ)] <1>: 1.0

输入 Y 比例因子或 <使用 X 比例因子>: 1.0

此外，可以将已有的 *.dwg 图形文件作为图块插入，其插入方法与插入图块完全一致。只需单击对话框右上角的浏览图标，在弹出的选择对话框中选择图形文件后单击确定按钮确认返回，即可按前面有关论述的方法进行操作，如图 4.54 所示。

图 4.54　插入图形文件　　　　　　　　　　　图 4.55　多图块插入

4.3.2.2　多图块插入

多图块插入是指在图形中以矩形阵列形式插入多个图块。其 AutoCAD 功能命令为 MINSERT。启动 INSERT 命令可以通过在"命令:"提示符下输入 MINSERT 并回车。在进行多图块插入操作时，插入的图块是整体的。以在"命令:"直接输入 MINSERT 命令为例，说明多图块插入的方法，如图 4.55 所示。

命令：MINSERT

输入块名或［?］"WW"：

单位：英寸　转换：1.0000

指定插入点或［基点(B)/比例(S)/X/Y/Z/旋转(R)］：

输入 X 比例因子,指定对角点,或［角点(C)/XYZ(XYZ)］＜1＞：

输入 Y 比例因子或 ＜使用 X 比例因子＞：

指定旋转角度 ＜0＞：

输入行数(－－－)＜1＞：3

输入列数(｜｜｜)＜1＞：2

输入行间距或指定单位单元(－－－)：122

指定列间距(｜｜｜)：360

注意，采用多块插入方法，得到的图形是 1 个整体块，各个不是分开的。如图 4.55 所示。

4.3.3　图块编辑

图块编辑包括写图块（WBLOCK）、图块分解（EXPLODE）和属性编辑（DDATTE、ATTEDIT）等操作。

4.3.3.1　写图块

写图块（可以理解为保存）的 AutoCAD 功能命令是 WBLOCK。启动 WBLOCK 命令可以通过在"命令："提示符下输入 WBLOCK 并回车。

激活 WBLOCK 命令后，AutoCAD 系统弹出对话框，在该对话框中的源选项栏下，可以选择块/整个图形/对象等方式的复选框，并在右侧选择已有图块 K，然后单击确定按钮即可保存该图块，图块的存储默认位置在对话框下侧的空白框，同时可以设置存储位置，如图 4.56 所示。

(a) 选择块选项

(b) 选择对象选项

图 4.56　写块对话框

4.3.3.2　图块分解

在定义图块后，图块是一个整体，若要对图块中的某个图形元素对象进行修改，则在整体组合的图块中无法进行。为此，AutoCAD 提供了将图块分解的功能命令 EXPLODE。EXPLODE 命令可以将块、填充图案和标注尺寸从创建时的状态转换或化解为独立的对象。

启动 EXPLODE 命令可以通过以下 3 种方式：

■ 打开【修改】下拉菜单中的【分解】命令。

■ 单击"修改"工具栏上的"分解"图标按钮。

■在"命令:"提示符下输入 EXPLODE 并回车。

按上述方法激活 EXPLODE 命令后,AutoCAD 操作提示如下:

命令:EXPLODE

选择对象:指定对角点:找到 1 个

选择对象:(回车)

选择要分解的图块对象,回车后选中的图块对象将被分解。如图 4.57 所示。

图 4.57　分解图块

4.4　文字与尺寸标注

文字与尺寸标注是图形绘制主要表达内容之一,也是 AutoCAD 绘制图形的重要内容。

4.4.1　标注文字

标注文字,是工程设计不可缺少的一部分,文字与图形一起才能表达完整的设计思想。文字标注包括图形名称、注释、标题和其他图纸说明等。AutoCAD 提供了强大的文字处理功能,如可以设置文字样式、单行标注、多行标注、支持 Windows 字体、兼容中英文字体等。

4.4.1.1　文字样式设置

AutoCAD 文字样式是指文字字符和符号的外观形式,即字体。AutoCAD 字体除了可以使用 Windows 操作系统的 TrueType 字体外,还有其专用字体(其扩展名为 ∗.SHX)。AutoCAD 默认的字体为 TXT.SHX,该种字体全部由直线段构成(没有弯曲段),因此存储空间较少,但外观单一不美观。

可以通过文字样式(STYLE 命令)修改当前使用字体。启动 STYLE 命令可以通过以下 3 种方式:

■打开【格式】下拉菜单选择命令【文字样式】选项。

■单击"样式"工具栏上的"文字样式"命令图标。

■在"命令:"命令行提示下直接输入 STYLE 或 ST 命令。

按上述方法执行 STYLE 命令后,AutoCAD 弹出文字样式对话框,在该对话框中可以设置相关的参数,包括样式、新建样式、字体、高度和效果等,如图 4.58 所示。

图 4.58　文字样式对话框

其中在字体类型中，带@的字体表示该种字体是水平倒置的，如图 4.59 所示。此外，在字体选项栏中可以使用大字体，该种字体是扩展名为 .SHX 的 AutoCAD 专用字体，如 chineset.shx、bigfont.shx 等，大字体前均带一个圆规状的符号，如图 4.60 所示。

图 4.59　带@的字体文字效果

图 4.60　AutoCAD 专用字体

4.4.1.2　单行文字标注方法

单行文字标注是指进行逐行文字输入。单行文字标注功能的 AutoCAD 命令为 TEXT。启动单行文字标注 TEXT 命令可以通过以下 2 种方式：

■ 打开【绘图】下拉菜单选择【文字】命令选项，再在子菜单中选择【单行文字】命令。
■ 在"命令："命令行提示下直接输入 TEXT 命令。

可以使用 TEXT 输入若干行文字，并可进行旋转、对正和大小调整。在"输入文字"提示下输入的文字会同步显示在屏幕中。每行文字是一个独立的对象。要结束一行并开始另一行，可在"输入文字"提示下输入字符后按【Enter】键。要结束 TEXT 命令，可直接按【Enter】键，而不用在"输入文字"提示下输入任何字符。通过对文字应用样式，用户可以使用多种字符图案或字体。这些图案或字体可以在垂直列中拉伸、压缩、倾斜、镜像或排列。

以在"命令："直接输入 TEXT 命令为例，说明单行文字标注方法，完成文字输入后回车确认即可，如图 4.61 所示。

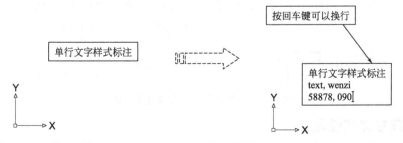

图 4.61　单行文字标注

命令：TEXT(输入 TEXT 命令)

当前文字样式："Standard"　文字高度：2.5000　注释性：否

指定文字的起点或[对正(J)/样式(S)]：

指定高度＜2.5000＞：10

指定文字的旋转角度＜0＞：

4.4.1.3　多行文字标注方法

除了使用 TEXT 进行单行文字标注外，还可以进行多行文字标注。其 AutoCAD 命令为 MTEXT。启动单行文字标注 TEXT 命令可以通过以下 3 种方式：

- 打开【绘图】下拉菜单选择【文字】命令选项，再在子菜单中选择【多行文字】命令。
- 单击"绘图"工具栏上的"多行文字"命令图标。
- 在"命令："命令行提示下直接输入 MTEXT 命令。

激活 MTEXT 命令后，要求在屏幕上指定文字的标注位置，可以使用鼠标直接在屏幕上点取，如图 4.62 所示。指定文字的标注位置后，AutoCAD 弹出文字格式对话框，在该对话框中设置字形、字高、颜色等，然后输入文字，输入文字后单击 OK 按钮，文字将在屏幕上显示出来，如图 4.63 所示。

图 4.62　指定文字位置

图 4.63　输入文字

以在"命令："直接输入 MTEXT 命令为例，说明多行文字的标注方法。

命令：MTEXT(标注文字)

当前文字样式："Standard"　文字高度：10　注释性：否

指定第一角点：(指定文字位置)

指定对角点或[高度(H)/对正(J)/行距(L)/旋转(R)/样式(S)/宽度(W)/栏(C)]：(指定文字对角位置,在弹出的对话框中可以设置字形、字高、颜色等,并输入文字)

Current text style："DIM_FONT"　Text height：400

4.4.2　尺寸标注

尺寸的标注，在工程制图中同样是十分重要的内容。尺寸大小，是进行工程建设定位的主要依据。AutoCAD 提供了多种尺寸标注方法，以适应不同工程制图的需要。

AutoCAD 提供的尺寸标注形式，与工程设计实际相一致。一个完整的尺寸一般由尺寸界线、尺寸线、箭头、标注文字构成。通常以一个整体出现，如图 4.64 所示。

图 4.64　CAD 尺寸标注的构成示意

4.4.2.1　尺寸样式设置

尺寸标注样式是指尺寸界线、尺寸线、箭头、标注文字等的外观形式。通过设置尺寸标注样式，可以有效地控制图形的标注尺寸界线、尺寸线、箭头、标注文字的布局和外观形式。

尺寸标注样式设置的 AutoCAD 命令为 DIMSTYLE（简写形式为 DDIM）。启动单行文字标注 DIMSTYLE 命令可以通过以下 3 种方式：

- 打开【格式】下拉菜单选择【标注样式】命令选项。
- 单击"标注"工具栏上的"标注样式"命令图标。
- 在"命令:"命令行提示下直接输入 DIMSTYLE 或 DDIM 命令。

激活 DIMSTYLE 命令后，在屏幕上弹出标注样式管理器对话框，通过该对话框，可以对尺寸线、标注文字、箭头、尺寸单位、尺寸位置和方向等尺寸样式进行部分或全部设置和修改，如图 4.65 所示。

图 4.65 标注样式及其修改选项

其中，创建新的标注样式是新定义一个标注模式；比较两个已存在的标注样式的参数及特性，二者不同之处显示出来；修改标注样式可以对当前的标注样式进行修改，包括文字位置、箭头和尺寸线长短等各种参数。其中"文字对齐"选项建议点取"与尺寸线对齐"；尺寸标注文字是否带小数点，在线性标注选项下的"精度"进行设置，如图 4.66 所示。

图 4.66 尺寸标注相关参数修改

4.4.2.2 尺寸标注方法

AutoCAD 提供了多种尺寸标注方法，包括线性、对齐、坐标、半径、直径、角度等。此外还有快速尺寸标注等其他方式。

（1）线性尺寸标注 线性尺寸标注的 AutoCAD 功能命令是 DIMLINEAR。启动 DIMLINEAR 命令可以通过以下 3 种方式：

- 打开【标注】下拉菜单，选择其中的【线性】命令选项。
- 单击"标注"工具栏上的"线性命令"功能图标。
- 在命令行"命令:"提示符下输入 DIMLINEAR 并回车。

以在命令行启动 DIMLINEAR 为例，线性尺寸标注的使用方法如下所述，如图 4.67 所示。

图 4.67　线性尺寸标注样式

命令：DIMLINEAR

指定第一条延伸线原点或 ＜选择对象＞：

指定第二条延伸线原点：

创建了无关联的标注。

指定尺寸线位置或[多行文字(M)/文字(T)/角度(A)/水平(H)/垂直(V)/旋转(R)]：

标注文字＝600

（2）对齐尺寸标注　　对齐尺寸标注是指所标注的尺寸线与图形对象相平行，其AutoCAD 功能命令是 DIMALIGNED。启动 DIMALIGNED 命令可以通过以下 3 种方式：

■ 打开【标注】下拉菜单，选择其中的【对齐】命令选项。

■ 单击"标注"工具栏上的"对齐命令"功能图标。

■ 在"命令："命令行提示符下输入 DIMALIGNED 并回车。

以在命令行启动 DIMALIGNED 为例，对齐尺寸标注的使用方法如下所述，如图 4.68所示。

(a) 线性标注方式　　　　　　　　　　　(b) 对齐标注方式

图 4.68　对齐尺寸标注样式

命令：DIMALIGNED

指定第一条延伸线原点或 ＜选择对象＞：

指定第二条延伸线原点：

创建了无关联的标注。

指定尺寸线位置或[多行文字(M)/文字(T)/角度(A)]：

标注文字＝227

（3）坐标尺寸标注　　坐标尺寸标注是指所标注图形对象的 X 或 Y 坐标，其 AutoCAD功能命令是 DIMORDINATE。坐标标注沿一条简单的引线显示部件的 X 或 Y 坐标。这些标注也称为基准标注。AutoCAD 使用当前用户坐标系（UCS）确定测量的 X 或 Y 坐标，并且沿与当前 UCS 轴正交的方向绘制引线。按照通行的坐标标注标准，采用绝对坐标值。

启动 DIMORDINATE 命令可以通过以下 3 种方式：

■ 打开【标注】下拉菜单，选择其中的【坐标】命令选项。

■ 单击"标注"工具栏上的"坐标命令"功能图标。

■ 在"命令:"命令行提示符下输入 DI-MORDINATE 并回车。

以在命令行启动 DIMORDINATE 为例，坐标尺寸标注的使用方法如下所述。坐标尺寸标注样式如图 4.69 所示。

图 4.69　坐标尺寸标注样式

命令：DIMORDINATE

指定点坐标：

指定引线端点或［X 基准(X)/Y 基准(Y)/多行文字(M)/文字(T)/角度(A)］：

标注文字＝620

(4) 半径尺寸标注　半径标注由一条具有指向圆或圆弧的箭头半径尺寸线组成。如果 DIMCEN 系统变量未设置为零，AutoCAD 将绘制一个圆心标记。其 AutoCAD 功能命令是 DIMRADIUS。DIMRADIUS 根据圆或圆弧的大小、"新建标注样式"、"修改标注样式"和"替代当前样式"对话框中的选项以及光标的位置绘制不同类型的半径标注。对于水平标注文字，如果半径尺寸线的角度大于水平 15°，AutoCAD 将在标注文字前一个箭头长处绘制一条钩线，也称为弯钩或着陆。AutoCAD 测量此半径并显示前面带一个字母 R 的标注文字。

启动 DIMRADIUS 命令可以通过以下 3 种方式：

■ 打开【标注】下拉菜单，选择其中的【半径】命令选项。

■ 单击"标注"工具栏上的"半径"命令功能图标。

■ 在"命令:"命令行提示符下输入 DIMRADIUS 并回车。

以在命令行启动 DIMRADIUS 为例，半径尺寸标注的使用方法如下所述，如图 4.70 所示。

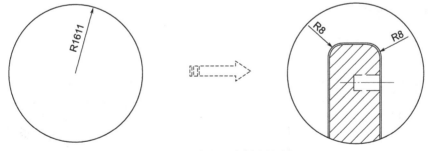

图 4.70　半径尺寸标注样式

命令：DIMRADIUS

选择圆弧或圆：

标注文字＝4560

指定尺寸线位置或［多行文字(M)/文字(T)/角度(A)］：

(5) 直径尺寸标注　直径尺寸标注是根据圆和圆弧的大小、标注样式的选项设置以及光标的位置来绘制不同类型的直径标注。标注样式控制圆心标记和中心线。当尺寸线画在圆弧或圆内部时，AutoCAD 不绘制圆心标记或中心线。其 AutoCAD 功能命令是 DIMDIAME-TER。对于水平标注文字，如果直径线的角度大于水平 15°并且在圆或圆弧的外面，那么 AutoCAD 将在标注文字旁边绘制一条一个箭头长的钩线。

启动 DIMDIAMETER 命令可以通过以下 3 种方式：

■ 打开【标注】下拉菜单，选择其中的【直径】命令选项。

■ 单击"标注"工具栏上的"直径"命令功能图标。

■ 在"命令："命令行提示符下输入 DIMDIAMETER 并回车。

以在命令行启动 DIMDIAMETER 为例，直径尺寸标注的使用方法如下所述，直径尺寸标注样式如图 4.71 所示。

图 4.71　直径尺寸标注样式

命令：DIMDIAMETER

选择圆弧或圆：

标注文字＝137

指定尺寸线位置或[多行文字(M)/文字(T)/角度(A)]：

（6）角度尺寸标注　角度尺寸标注是根据两条以上的图形对象构成的角度进行标注。其 AutoCAD 功能命令是 DIMANGULAR。启动 DIMANGULAR 命令可以通过以下 3 种方式：

■ 打开【标注】下拉菜单，选择其中的【角度】命令选项。

■ 单击"标注"工具栏上的"角度"命令功能图标。

■ 在"命令："命令行提示符下输入 DIMANGULAR 并回车。

以在命令行启动 DIMANGULAR 为例，角度尺寸标注的使用方法如下所述，角度尺寸标注样式如图 4.72 所示。

图 4.72　角度尺寸标注样式

命令：DIMANGULAR

选择圆弧、圆、直线或 ＜指定顶点＞：

选择第二条直线：

指定标注弧线位置或［多行文字(M)/文字(T)/角度(A)/象限点(Q)］：

标注文字＝135

（7）基线尺寸标注　基线尺寸标注是指创建自相同基线测量的一系列相关标注，其 AutoCAD 功能命令为 DIMBASELINE。AutoCAD 使用基线增量值偏移每一条新的尺寸线并避免覆盖上一条尺寸线。基线增量值在"新建标注样式"、"修改标注样式"和"替代标注样式"对话框的"直线和箭头"选项卡上基线间距指定。如果在当前任务中未创建标注，AutoCAD 将提示用户选择线性标注、坐标标注或角度标注，以用作基线标注的基准。一般情况下，在进行标注前，需使用线性标注、坐标标注或角度标注来确定标注基准线。

启动 DIMBASELINE 命令可以通过以下 3 种方式：

■ 打开【标注】下拉菜单，选择其中的【基线】命令选项。

■ 单击"标注"工具栏上的"基线标注"命令功能图标。

■ 在"命令："命令行提示符下输入 DIMBASELINE 并回车。

以在命令行启动 DIMBASELINE 为例，基线尺寸标注的使用方法如下所述。基线尺寸标注样式如图 4.73 所示。①先使用线性标注、坐标标注或角度标注来确定标注基准线；②再使用 DIMBASELINE 基线尺寸标注方法进行标注。

图 4.73　基线尺寸标注样式

命令：DIMBASELINE

选择基准标注：

指定第二条尺寸界线原点或［放弃(U)/选择(S)］＜选择＞：

标注文字＝2574

指定第二条尺寸界线原点或［放弃(U)/选择(S)］＜选择＞：

标注文字＝4981

指定第二条尺寸界线原点或［放弃(U)/选择(S)］＜选择＞：

……

选择基准标注：

（8）连续尺寸标注　连续尺寸标注是指绘制一系列相关的尺寸标注，例如添加到整个尺寸标注系统中的一些短尺寸标注。连续标注也称为链式标注，其 AutoCAD 功能命令为 DIMCONTINUE。创建线性连续标注时，第一条尺寸界线将被禁止，并且文字位置和箭头可能会包含引线。这种情况作为连续标注的替代而出现（DIMSE1 系统变量打开，DIMT-MOVE 系统变量为 1 时）。如果在当前任务中未创建标注，AutoCAD 将提示用户选择线性标注、坐标标注或角度标注，以用作连续标注的基准。一般情况下，在进行标注前，需使用线性标注、坐标标注或角度标注来确定标注基准线。

启动 DIMCONTINUE 命令可以通过以下 3 种方式：

■ 打开【标注】下拉菜单，选择其中的【连续】命令选项。

■ 单击"标注"工具栏上的"标注连续"命令功能图标。

■ 在"命令："命令行提示符下输入 DIMCONTINUE 并回车。

图 4.74　连续尺寸标注样式

以在命令行启动 DIMCONTINUE 为例，连续尺寸标注的使用方法如下所述。连续尺寸标注样式如图 4.74 所示。①先使用线性标注、坐标标注或角度标注来确定标注基准线；②再使用 DIMCONTINUE 连续尺寸标注方法进行标注。

命令：DIMCONTINUE

指定第二条尺寸界线原点或［放弃(U)/选择(S)］＜选择＞：

标注文字＝298

指定第二条尺寸界线原点或［放弃(U)/选择(S)］＜选择＞：

标注文字＝97

指定第二条尺寸界线原点或［放弃(U)/选择(S)］＜选择＞：

标注文字＝298

指定第二条尺寸界线原点或［放弃(U)/选择(S)］＜选择＞：

（9）添加形位公差标注　形位公差表示特征的形状、轮廓、方向、位置和跳动的允许偏差。可以通过特征控制框来添加形位公差，这些框中包含单个标注的所有公差信息。其中特征控制框至少由两个组件组成，第一个特征控制框包含一个几何特征符号，表示应用公差的几何特征，例如位置、轮廓、形状、方向或跳动。可以创建带有或不带引线的形位公差，这取决于创建公差时使用的是 TOLERANCE 还是 LEADER。形位公差控制直线度、平面度、圆度和圆柱度，轮廓控制直线和表面。可以使用大多数编辑命令更改特性控制框，也可以使用对象捕捉模式对其进行捕捉，还可以使用夹点进行编辑。如图 4.75 所示。

图 4.75　形位公差示意

创建形位公差的步骤如下：

① 依次单击"标注（N）"下拉菜单选择"公差（T）"。

② 在弹出的"形位公差"对话框中，单击"符号"对话框中的第一个矩形，然后在弹

出的"特征符号"对话框中选择一个插入符号，如图 4.76 所示。

图 4.76 "特征符号"对话框　　　　　　　　　　图 4.77 插入直径符号

③ 在"公差 1"下，单击第一个黑框，插入直径符号，如图 4.77 所示。

④ 在文字框中，输入第一个公差值，如图 4.78 所示。

图 4.78 输入第一个公差值　　　　　　　　　　图 4.79 加入第二个公差值等

⑤ 要添加包容条件（可选），单击第二个黑框，然后单击"包容条件"对话框中的符号以进行插入，如图 4.78 所示。

⑥ 在"形位公差"对话框中，加入第二个公差值（可选并且与加入第一个公差值方式相同），如图 4.79 所示。

⑦ 在"基准 1"、"基准 2"和"基准 3"下输入基准参考字母。

⑧ 单击黑框，为每个基准参考插入包容条件符号。

⑨ 在"高度"框中输入高度。

⑩ 单击"投影公差带"方框，插入符号。

⑪ 在"基准标识符"框中，添加一个基准值。

⑫ 单击"确定"。

⑬ 在图形中，指定特征控制框的位置，如图 4.80 所示。

图 4.80 标注特征控制框

创建带有引线的形位公差的步骤如下，如图 4.81 所示：

① 在命令提示下，输入"leader"或"LEADER"。

② 指定引线的起点。

③ 指定引线的第二点。

④ 按两次 Enter 键以显示"注释"选项。

⑤ 输入 T（公差），然后创建特征控制框。

⑥ 特征控制框将附着到引线的端点。

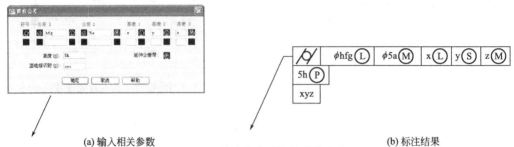

(a) 输入相关参数

(b) 标注结果

图 4.81　创建带有引线的形位公差

创建带有引线的形位公差的操作命令提示如下，参见图 4.81：

命令：LEADER

指定引线起点：

指定下一点：

指定下一点或［注释（A）/格式（F）/放弃（U）］＜注释＞：

输入注释文字的第一行或＜选项＞：

输入注释选项［公差（T）/副本（C）/块（B）/无（N）/多行文字（M）］＜多行文字＞:T

（10）弧长标注　除了前述经常的标注方法外，还有弧长标注（dimarc）等。弧长标注方法是执行命令后，使用鼠标点击要标注的弧线即可进行标注。弧线尺寸显示为"⌒＊＊＊"形式，如图 4.82 所示。

图 4.82　其他尺寸标注方式

命令：DIMARC

选择弧线段或多段线圆弧段：

指定弧长标注位置或［多行文字（M）/文字（T）/角度（A）/部分（P）/］：

标注文字＝27.55

4.4.3　文字和尺寸编辑与修改

与其他图形对象一样，AutoCAD 同样提供了对文字和尺寸的编辑与修改功能。

4.4.3.1 文字编辑与修改方法

除了可以使用移动、复制、删除、旋转和镜像等基本的编辑与修改方法外，文字对象的编辑与修改方法还包括修改其内容、高度、字体和特性等。AutoCAD 提供了如下几种对文字的编辑与修改方法。

（1）**修改文字内容** 修改文字内容是最为基本的文字编辑与修改功能。其 AutoCAD 功能命令为 DDEDIT。启动 DDEDIT 命令可以通过以下 3 种方式：

- 打开【修改】下拉菜单，在【对象】子菜单中选择【文字】命令选项中的编辑。
- 在"命令："命令行提示符下输入 DDEDIT 并回车。
- 单击文字，再单击右键屏幕将出现快捷菜单，选择"特性"选项，弹出的对话框中展开"文字"选项，直接单击其内容，输入新文字，可以进入修改文字，如图 4.83 所示。

图 4.83　修改文字窗口

（2）**修改文字特性** 修改文字特性是指对文字的内容、颜色、插入点、样式和对齐方式等相关性质参数进行修改，其 AutoCAD 功能命令为 PROPERTIES。启动 PROPERTIES 命令可以通过以下 3 种方式：

- 打开【修改】下拉菜单，选择【特性】命令选项。
- 单击"标准"工具栏上的"特性"命令功能图标。
- 使用快捷菜单：选择要查看或修改其特性的对象，在绘图区域单击右键，然后选择"特性"。或者，可以在大多数对象上双击以显示"特性"窗口。在特性对话框中可以对文字的高度、字体、颜色等各种特性参数进行修改，如图 4.84 所示。

（3）**文字编辑系统变量** AutoCAD 控制文字镜像后效果的系统变量为 MIRRTEXT。在进行文字镜像（MIRROR）时，若系统变量 MIRRTEXT 设置不正确，将使文字倒置。

图 4.84　修改文字特性窗口

当 MIRRTEXT＝0 时，文字镜像后的效果与原文字一致；当 MIRRTEXT＝1 时，文字镜像后将倒置，如图 4.85 所示。改变系统变量为 MIRRTEXT 的值可以通过如下方法：

图 4.85　文字系统变量设置

命令：MIRRTEXT(设置新的系统变量)

输入 MIRRTEXT 的新值＜0＞：1(输入新的系统变量数值)

设置 MIRRTEXT＝0 后，再进行文字操作，可以保证文字镜像与原文字一致。

4.4.3.2　尺寸编辑与修改方法

AutoCAD 尺寸编辑与修改的内容，包括对尺寸线、标注文字和尺寸界线、箭头形式等的颜色、位置、方向、高度等。AutoCAD 提供了如下几种对尺寸的编辑与修改方法。

(1) 使用特性对话框　利用特性管理器对话框，可以方便地管理、编辑尺寸标注的各个组成要素。选择要查看或修改其特性的尺寸对象，在绘图区域单击右键，然后选择"特性"。在"特性"窗口，要修改某个参数，只需单击该项参数右侧的表格栏，展开该特性参数，单击参数选项即可进行修改，如图 4.86 所示。

图 4.86　编辑修改尺寸形式

(2) 使用 DIMEDIT、DIMTEDIT 命令　DIMEDIT 的功能是使用新的文字替换现有的标注文字、旋转文字、将文字移动位置等。DIMEDIT 影响一个或多个标注对象上的标注文字和尺寸界线，其中"默认"、"新值"和"旋转"选项影响标注文字。"倾斜"选项控制尺寸界线的倾斜角度。DIMTEDIT 命令的功能主要是移动和旋转标注文字和对正标注文字。

标注编辑修改命令可以通过以下 2 种方式进行：

■ 单击"标注"工具栏上的编辑标注或编辑标注文字命令功能图标。

■ 在"命令："命令行提示符下输入 DIMEDIT 或 DIMTEDIT 并回车。

以在命令行启动 DIMEDIT 为例，使用 DIMEDIT 的编辑与修改方法如下所述，各种编辑修改效果如图 4.87 所示。使用 DIMTEDIT 的编辑与修改方法如下所述。DIMTEDIT 编辑标注如图 4.88 所示。

图 4.87　标注编辑（倾斜等）

图 4.88　DIMTEDIT 编辑标注（左对齐）

① 使用 DIMEDIT

命令：DIMEDIT

输入标注编辑类型［默认(H)/新建(N)/旋转(R)/倾斜(O)］＜默认＞：O

选择对象：找到 1 个

选择对象：

输入倾斜角度(按 ENTER 表示无)：30

上述相关命令选项含义如下：

默认（H）——将旋转标注文字移回默认位置。选中的标注文字移回到由标注样式指定的默认位置和旋转角。

新建（N）——使用多行文字编辑器修改标注文字并进行替换。

旋转（R）——旋转标注文字

倾斜（O）——调整线性标注尺寸界线的倾斜角度。AutoCAD 创建尺寸界线与尺寸线方向垂直的线性标注。

当尺寸界线与图形的其他部件冲突时"倾斜"选项将很有用处。

② 使用 DIMTEDIT

命令：DIMTEDIT

选择标注：

为标注文字指定新位置或［左对齐(L)/右对齐(R)/居中(C)/默认(H)/角度(A)］：L

第5章

柜类家具设计图CAD快速绘制

本章以常见各种柜类家具设计图为例,介绍其 CAD 快速绘制方法与技巧。限于篇幅,只能介绍其中 1～2 种常见的家具柜绘制方法,其他各种形式柜的绘制方法与此类似。

为便于学习家具设计 CAD 绘图技能,本书提供本章讲解案例实例的 CAD 图形(.dwg 格式图形文件)供学习使用。读者连接互联网后可以到如下地址下载,图形文件仅供学习参考:

百度网盘(下载地址为:http://pan.baidu.com/share/link? shareid＝929310810 & uk＝605274645)

5.1　餐柜设计图 CAD 快速绘制

本节讲述如图 5.1 所示某餐柜的设计图 CAD 绘制方法与技巧。

5.1.1　餐柜平面图 CAD 快速绘制

(1) 先绘制餐柜的平面图。

操作提示:先了解餐柜平面轮廓设计的尺寸大小。

操作命令:无。

操作参考:如图 5.2 所示。

(2) 绘制餐柜外长方形轮廓。

操作提示:长方形轮廓可以使用 LINE、PLINE、RECTANG 等功能命令进行绘制。

操作命令:LINE、PLINE、RECTANG 等。使用 LINE 绘制时直接输入长度(500mm、2000mm)即可。

命令:LINE

指定第一个点:

指定下一点或[放弃(U)]:2000

指定下一点或[放弃(U)]:

操作参考:如图 5.3 所示。

(3) 餐柜长方形轮廓也可以使用 LINE、OFFSET、TRIM 进行绘制得到。

操作提示:此为多一种的绘制方法。先绘制比 2000mm、500mm 长的直线,然后偏移。

(a) 餐柜透视图

规格：2000×500×900

(b) 餐柜平立剖面图

图 5.1　某餐柜设计图

操作命令：LINE、OFFSET、TRIM、CHAMFER 等。

命令：OFFSET

当前设置：删除源＝否　图层＝源　OFFSETGAPTYPE＝0

指定偏移距离或［通过(T)/删除(E)/图层(L)］＜通过＞：2000

图 5.2　餐柜的平面图

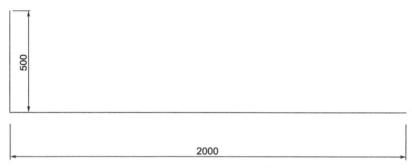

图 5.3　绘制餐柜外长方形轮廓

选择要偏移的对象,或［退出(E)/放弃(U)］＜退出＞:

指定要偏移的那一侧上的点,或［退出(E)/多个(M)/放弃(U)］＜退出＞:

选择要偏移的对象,或［退出(E)/放弃(U)］＜退出＞:

操作参考:如图5.4所示。

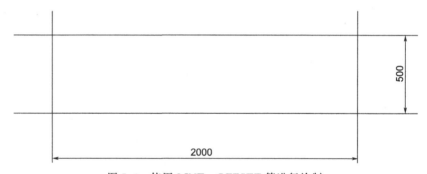

图 5.4　使用 LINE、OFFSET 等进行绘制

(4) 再通过修剪快速得到。

操作提示:利用 CHAMFER、TRIM 功能命令均可修剪。

操作命令:CHAMFER、TRIM 等。

命令:CHAMFER

("修剪"模式)当前倒角距离 1＝0.0000,距离 2＝0.0000

选择第一条直线或［放弃(U)/多段线(P)/距离(D)/角度(A)/修剪(T)/方式(E)/多个(M)］:D

指定 第一个 倒角距离 ＜0.0000＞:0

指定 第二个 倒角距离 ＜0.0000＞：0

选择第一条直线或[放弃(U)/多段线(P)/距离(D)/角度(A)/修剪(T)/方式(E)/多个(M)]：

选择第二条直线,或按住 Shift 键选择直线以应用角点或[距离(D)/角度(A)/方法(M)]：

操作参考：如图 5.5 所示。

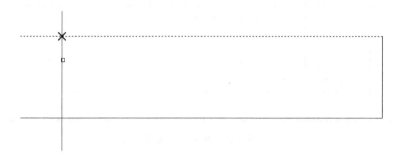

图 5.5　进行修剪

(5) 通过偏移功能命令快速得到内部竖直方向的轮廓。

操作提示：按间距大小偏移,另外一侧可以通过镜像快速得到。

操作命令：OFFSET、MIRROR 等。

操作参考：如图 5.6 所示。

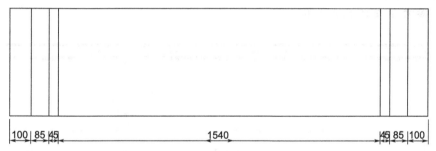

图 5.6　进行偏移

(6) 按上述方法偏移绘制得到水平方向内部轮廓。

操作提示：按间距大小偏移,另外一侧可以通过镜像快速得到。

操作命令：OFFSET、MIRROR 等。

操作参考：如图 5.7 所示。

图 5.7　绘制水平方向内部轮廓

（7）进行内部线条剪切修改。

操作提示：剪切修改通过使用 TRIM、CHAMFER 功能命令完成。

操作命令：TRIM、CHAMFER 等。

操作参考：如图 5.8 所示。

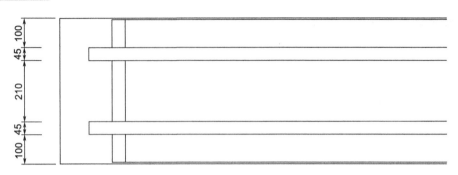

图 5.8　内部线条剪切

（8）修改线型得到餐柜平面轮廓图。

操作提示：线型修改后不显示，可以通过修改 LTSCALE 参数大小快速显示。

操作命令：LINTYPE、LTSCALE 等。

命令：LTSCALE

输入新线型比例因子 <1.0000>：2

正在重生成模型。

操作参考：如图 5.9 所示。

图 5.9　修改餐柜平面线型

（9）绘制小圆形，并修改线型，最后使用 DIMLINEAR 标注尺寸即可完成餐柜平面图绘制。

操作提示：因餐柜表面为玻璃材质，绘制三段倾斜的短线表示即可。尺寸标注方法参考前面相关章节介绍的方法。

操作命令：CIRCLE、LINE、OFFSET、ROTATE 等。

操作参考：如图 5.10 所示。

（10）最后使用 DIMLINEAR 标注尺寸即可完成餐柜平面图绘制。

图 5.10　绘制小圆形

操作提示：尺寸标注方法参考前面相关章节中介绍的方法。

操作命令：DIMLINEAR、DIMALIGNED、DIMRADIUS 等。

操作参考：如图 5.11 所示。

图 5.11　标注尺寸

5.1.2　餐柜立面图 CAD 快速绘制

（1）餐柜立面图有正立面图、侧立面图及背立面图。

操作提示：此处介绍餐柜的正立面图。

操作命令：无。

操作参考：如图 5.12 所示。

（2）绘制餐柜立面侧面板及顶板轮廓。

操作提示：按立面图的一半长度绘制。另外一半按剖面图要求绘制，参考下一节的所述方法。

操作命令：LINE、PLINE、OFFSET 等。

操作参考：如图 5.13 所示。

（3）进行餐柜立面其他结构轮廓绘制。

操作提示：按餐柜设计规格大小及间距进行绘制，参见前面立面图所示规格尺寸。

操作命令：LINE、OFFSET、TRIM、EXTEND、MOVE、STRETCH 等。

操作参考：如图 5.14 所示。

（4）将轮廓中看不见的线条修改为虚线。

操作提示：线型修改命令为 LINTYPE、LTSCALE 或使用工具栏上的线型图标栏进

图 5.12　餐柜立面图

图 5.13　绘制餐柜立面侧面板及顶板轮廓

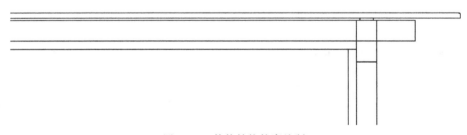

图 5.14　其他结构轮廓绘制

行修改。

　　操作命令：LINTYPE、LTSCALE 等。

　　操作参考：如图 5.15 所示。

　　（5）对餐柜轮廓板的角部细部处理可以使用 FILLET、CHAMFER 功能命令。

　　操作提示：进行圆角处理使用 FILLET，斜角处理使用 CHAMFER。

　　操作命令：FILLET、CHAMFER 等。

　　操作参考：如图 5.16 所示。

图 5.15　看不见的线条修改为虚线

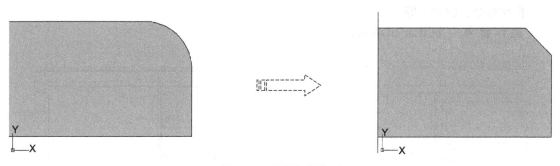

图 5.16　角部细部处理

（6）绘制柜门立面轮廓。

操作提示：门扇与侧板之间的间距较小，本餐柜为 3mm。

操作命令：LINE、OFFSET、TRIM、EXTEND、MOVE、STRETCH 等。

操作参考：如图 5.17 所示。

图 5.17　绘制柜门立面轮廓

（7）绘制抽屉立面内部轮廓造型。

操作提示：抽屉立面轮廓造型按设计构造确定，绘制抽屉长度的一半大小，另外一半按剖面图效果绘制。

操作命令：LINE、OFFSET、TRIM、EXTEND、MOVE、STRETCH 等。

操作参考：如图 5.18 所示。

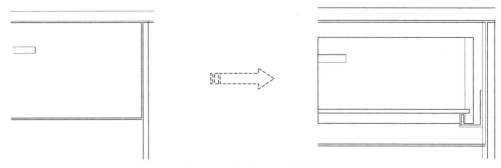

图 5.18　抽屉立面内部轮廓

（8）进行复制得到其他位置相同造型的抽屉立面轮廓。

操作提示：抽屉数量按设计确定。

操作命令：COPY 等。

操作参考：如图 5.19 所示。

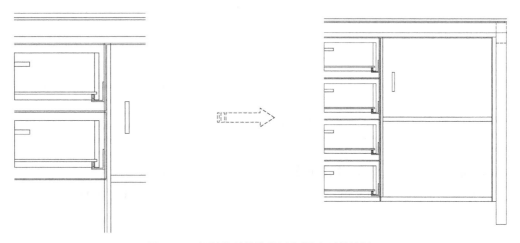

图 5.19　复制得到其他位置相同造型的抽屉

（9）创建中间的短柜脚轮廓及立面中间线。

操作提示：短柜脚位置及大小按设计确定。

操作命令：LINE、PLINE、TRIM、RECTANG、OFFSET、EXTEND 等。

操作参考：如图 5.20 所示。

（10）修改餐柜立面部分轮廓线型。

操作提示：对属于餐柜内部轮廓的线条修改为虚线线型。

操作命令：LINTYPE、LTSCALE 等。

操作参考：如图 5.21 所示。

（11）餐柜立面的另外一半按剖面图要求绘制。

操作提示：餐柜剖面图的绘制方法参考下一节所述方法。

操作命令：LINE、OFFSET、TRIM、STRETCH、EXTEND、CHAMFER、COPY、HATCH 等。

操作参考：如图 5.22 所示。

图 5.20　创建中间的短柜脚轮廓

图 5.21　修改餐柜立面部分轮廓线型

图 5.22　另外一半按剖面图要求绘制

（12）标注餐柜设计尺寸大小，完成餐柜立面图绘制。

操作提示：标注尺寸一般使用 DIMLINEAR、DIMALIGNED 等命令。尺寸标注先使用 DIMSTYLE 进行标注格式设置，然后使用 DIMLINEAR、DIMALIGNED 等命令。

操作命令：DIMLINEAR、DIMALIGNED、DIMRADIUS 等。

操作参考：如图 5.23 所示。

图 5.23　标注餐柜设计尺寸大小

5.1.3　餐柜剖面图 CAD 快速绘制

（1）餐柜剖面图。

操作提示：餐柜剖面图的绘制与立面图的绘制方法其实是一样的。

操作命令：无。

操作参考：如图 5.24 所示。

图 5.24　餐柜剖面图

（2）绘制餐柜剖面图底部轮廓造型。

操作提示：矩形绘制可以使用 RECTANG、LINE 等命令绘制。对其中相同的矩形（如 45mm 宽度的矩形），对称的可以通过镜像 MIRROR、复制 COPY 得到。

操作命令：RECTANG、LINE、OFFSET、TRIM、MIRROR、COPY 等。

操作参考：如图 5.25 所示。

图 5.25　绘制餐柜剖面图底部轮廓

（3）绘制餐柜下部柜身外侧轮廓。

操作提示：上顶板与下底板大小一致的可以直接复制 COPY 得到。

操作命令：LINE、LENGTHEN、EXTEND、TRIM、COPY 等。

操作参考：如图 5.26 所示。

图 5.26　绘制餐柜下部柜身外侧轮廓

（4）创建餐柜的抽屉轮廓线。

操作提示：抽屉大小及数量按设计确定，与正立面图一致。

操作命令：PLINE、TRIM、COPY、MOVE 等。

操作参考：如图 5.27 所示。

（5）勾画内部抽屉轮廓造型。

操作提示：抽屉长度及高度按设计确定。先绘制其中一个，其他相同抽屉造型按等间距复制 COPY 得到。

操作命令：LINE、OFFSET、CHAMFER、STRETCH、EXTEND、COPY 等。

操作参考：如图 5.28 所示。

（6）绘制餐柜底部柜腿轮廓。

操作提示：底部柜腿两侧对称，可以进行镜像 MIRROR 得到。

操作命令：LINE、CHAMFER、OFFSET、TRIM、LENGTHEN、MIRROR 等。

图 5.27 创建餐柜的抽屉轮廓线

图 5.28 勾画内部抽屉轮廓

操 作 参 考：如图 5.29 所示。

图 5.29 绘制餐柜底部柜腿轮廓

（7）对柜体剖切面填充图案。

操作提示：填充图案使用 HATCH 功能命令进行。

操作命令：HATCH、BHATCH 等。

操 作 参 考：如图 5.30 所示。

（8）标注尺寸完成剖面图绘制。

操作提示：尺寸标注先使用 DIMSTYLE 进行标注格式设置，然后使用 DIMLINEAR

图 5.30　对柜体剖切面填充图案

等功能命令。

操作命令：DIMSTYLE、DIMLINEAR、DIMALIGNED、DIMRADIUS 等。

操作参考：如图 5.31 所示。

图 5.31　标注尺寸完成剖面图

5.2　办公柜设计图 CAD 快速绘制

本节讲述如图 5.32 所示常见的办公矮柜的设计图 CAD 绘制方法与技巧。

5.2.1　办公矮柜平面图 CAD 快速绘制

（1）办公矮柜的平面图。

操作提示：办公矮柜的平面外轮廓大小为 800mm×400mm。

操作命令：无。

操作参考：如图 5.33 所示。

（2）先绘制外轮廓。

操作提示：从外至内顺序进行绘制，先按实线进行绘制。

操作命令：RECTANG、LINE、OFFSET、TRIM、CHAMFER 等。

(a) 办公矮柜透视图

(b) 办公矮柜平立剖面图

图 5.32　某办公矮柜设计图

操作参考：如图 5.34 所示。

（3）创建平面内侧其他轮廓线。

操作提示：因图幅显示较小，练习绘制时建议打开案例 CAD 图查看其间距大小。

操作命令：LINE、PLINE、OFFSET、TRIM、CHAMFER 等。

操作参考：如图 5.35 所示。

（4）绘制柜门轮廓。

操作提示：包括柜门导轨的轮廓，相互间的位置及间距按设计确定。建议打开案例

图 5.33　办公矮柜的平面图

图 5.34　先绘制外轮廓

图 5.35　创建平面内侧其他轮廓线

CAD 图查看其间距大小。

　　操作命令：PLINE、OFFSET、TRIM、CHAMFER、EXTEND 等。

　　操作参考：如图 5.36 所示。

图 5.36　绘制柜门轮廓

（5）修改平面图中的不可见轮廓线型。

操作提示：矮柜内部的轮廓线修改为虚线线型。

操作命令：LINETYPE、LTSCALE 等。

操作参考：如图 5.37 所示。

图 5.37　修改平面图中的不可见轮廓线型

（6）标注尺寸，完成办公矮柜平面图绘制。

操作提示：若要标注有公差的尺寸形式，使用 DIMSTYLE 命令中设置修改参数即可。

操作命令：DIMSTYLE、DINLINEAR 等。

操作参考：如图 5.38 所示。

图 5.38　标注办公矮柜平面图尺寸

5.2.2　办公矮柜正立面图 CAD 快速绘制

（1）办公矮柜正立面图。

操作提示：按设计确定其立面规格尺寸大小。

操作命令：无。

操作参考：如图 5.39 所示。

（2）创建办公矮柜正立面外轮廓。

操作提示：轮廓线多为直线及矩形，使用 LINE 等命令直接绘制。

图 5.39　办公矮柜正立面图

操作命令：LINE、PLINE、OFFSET、TRIM、CHAMFER、MIRROR 等。

操作参考 ：如图 5.40 所示。

图 5.40　创建办公矮柜正立面外轮廓

（3）勾画矮柜立面内侧分隔轮廓线。

操作提示 ：将不可见的轮廓修改为虚线线型。

操作命令：OFFSET、EXTEND、STRETCH、LINE、TRIM、LINETYPE、LTSCALE 等。

操作参考 ：如图 5.41 所示。

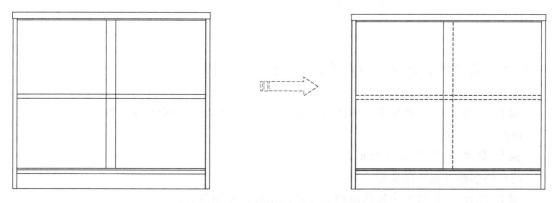

图 5.41　勾画矮柜立面内侧分隔轮廓线

（4）绘制柜门拉手凹槽造型轮廓。

操作提示：另外一个通过镜像快速得到。中间的门锁造型使用圆形 CIRCLE 绘制即可。

操作命令：RECTANG、LINE、OFFSET、MIRROR、CIRCLE 等。

操作参考：如图 5.42 所示。

图 5.42　绘制柜门拉手凹槽造型

（5）标注矮柜正立面图尺寸。

操作提示：完成办公矮柜立面图绘制。

操作命令：DIMSTYLE、DINLINEAR 等。

操作参考：如图 5.43 所示。

图 5.43　标注矮柜正立面图尺寸

5.2.3　办公矮柜侧立面图 CAD 快速绘制

（1）办公矮柜侧立面图。

操作提示：办公矮柜侧立面图的规格大小按设计确定，与正立面一致。

操作命令：无。

操作参考：如图 5.44 所示。

（2）绘制侧立面的外轮廓。

操作提示：轮廓大小按前面图示确定的设计尺寸绘制。

操作命令：PLINE、LINE、OFFSET、CHAMFER、TRIM、STRETCH 等。

操作参考：如图 5.45 所示。

图 5.44 办公矮柜侧立面图

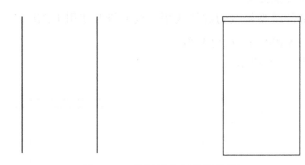

图 5.45 绘制侧立面的外轮廓

（3）绘制矮柜侧立面的内侧轮廓。

操作提示：内侧轮廓的线型先按实线绘制。

操作命令：LINE、TRIM、MOVE、MIRROR、EXTEND、LENGTHEN 等。

操作参考：如图 5.46 所示。

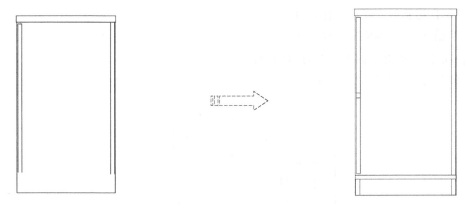

图 5.46 绘制矮柜侧立面的内侧轮廓

（4）绘制隔板及隔板可调支撑点轮廓。

操作提示：可调支撑点轮廓以小圆形表示。

操作命令：LINE、CIRCLE、MOVE、COPY 等。

操作参考：如图 5.47 所示。

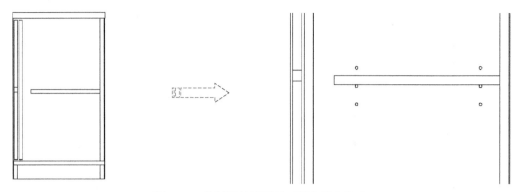

图 5.47 绘制隔板及隔板可调支撑点轮廓

（5）修改矮柜侧立面的线型。

操作提示：内部的线型修改为虚线线型。线型修改使用 LINETYPE 等功能命令。

操作命令：LINETYPE、LTCALE 等。

操作参考：如图 5.48 所示。

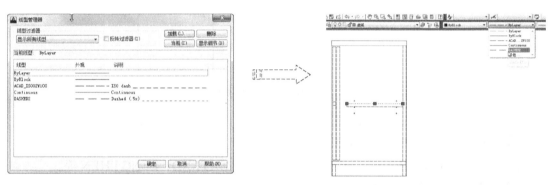

图 5.48 修改矮柜侧立面的线型

（6）标注矮柜侧立面的规格尺寸。

操作提示：完成侧立面图绘制。

操作命令：DIMSTYLE、DIMLINEAR 等。

操作参考：如图 5.49 所示。

图 5.49 标注矮柜侧立面的规格尺寸

第6章

茶几凳子类家具设计图 CAD快速绘制

Chapter 6

本章以常见各种茶几及凳子类家具设计图为例，介绍其 CAD 快速绘制方法与技巧。

为便于学习家具设计 CAD 绘图技能，本书提供本章讲解案例实例的 CAD 图形（.dwg 格式图形文件）供学习使用。读者连接互联网后可以到如下地址下载，图形文件仅供学习参考：

百度网盘（下载地址为：http://pan.baidu.com/share/link? shareid=947473357&uk=605274645）

6.1 茶几设计图 CAD 快速绘制

本节讲述如图 6.1 所示常见茶几的设计图 CAD 绘制方法与技巧。

图 6.1　某茶几设计图

6.1.1　茶几平面图 CAD 快速绘制

（1）绘制茶几的平面图。

操作提示：该茶几为椭圆形平面，使用 ELLIPSE 功能命令直接绘制。长度可以直接输入其大小。

操作命令：ELLIPSE 等。

命令：ELLIPSE

指定椭圆的轴端点或［圆弧（A）/中心点（C）］：

指定轴的另一个端点：1127

指定另一条半轴长度或［旋转（R）］：300

操作参考：如图 6.2 所示。

图 6.2　绘制茶几平面图

（2）绘制经过椭圆形端点的直线。

操作提示：直线长度大于椭圆形短向轴大小，然后移动直线使其中点位于椭圆形端点位置。

操作命令：LINE、MOVE 等。

操作参考：如图 6.3 所示。

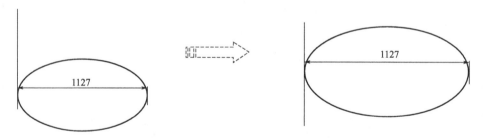

图 6.3　经过椭圆形端点绘制直线

（3）偏移直线得到茶几桌面分隔平行线。

操作提示：偏移功能命令为 OFFSET。

操作命令：OFFSET 等。

命令：OFFSET

当前设置：删除源＝否　图层＝源　OFFSETGAPTYPE＝0

指定偏移距离或［通过（T）/删除（E）/图层（L）］＜通过＞：　263

选择要偏移的对象，或［退出（E）/放弃（U）］＜退出＞：

指定要偏移的那一侧上的点，或［退出（E）/多个（M）/放弃（U）］＜退出＞：

选择要偏移的对象，或［退出（E)/放弃（U)］＜退出＞：

操作参考：如图 6.4 所示。

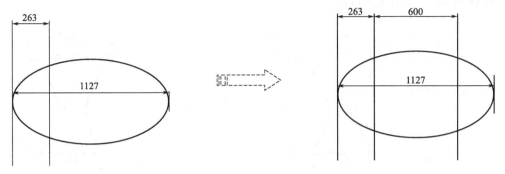

图 6.4　偏移得到分隔平行线

（4）进行剪切编辑（TRIM）。

操作提示：删除多余线条。

操作命令：TRIM、ERASE 等。

操作参考：如图 6.5 所示。

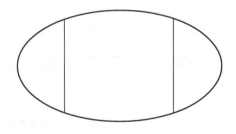

图 6.5　剪切编辑

（5）再填充平面图图案（HATCH），标注（DIMLINEAR）文字尺寸。

操作提示：图案选择根据各种材质及设计效果确定。

操作命令：HATCH、DIMLINEAR、DIMALIGNED 等。

操作参考：如图 6.6 所示。

图 6.6　填充平面图案

6.1.2　茶几立面图 CAD 快速绘制

（1）茶几的立面图。

操作提示：茶几的立面图包括正立面、侧立面。

操作命令：无。

操作参考：如图 6.7 所示。

图 6.7　茶几的立面图

（2）从绘制茶几的上部桌面轮廓开始绘制。

操作提示：茶几也可以从底部开始绘制。正立面的轮廓是长方形，其绘制方法较多。

操作命令：LINE、PLINE、RECTANG、OFFSET、CHAMFER、TRIM 等。

操作参考：如图 6.8 所示。

图 6.8　绘制茶几的上部桌面轮廓

（3）绘制茶几底部轮廓。

操作提示：移动使其中点与上部中点位置对应一致。可以通过绘制一条辅助线或使用追踪定位功能（F11 按键启动）帮助进行定位。

操作命令：LINE、PLINE、RECTANG 、OFFSET、CHAMFER、TRIM、MOVE 等。

操作参考：如图 6.9 所示。

图 6.9　绘制茶几底部轮廓

（4）根据立面图中间最窄处进行定位，绘制侧面的弧线轮廓。

操作提示：该处水平距离 195mm，距离茶几面 327mm，绘制一水平短线。

操作命令：LINE、LENGTHEN、STRETCH、MOVE 等。

操作参考 ：如图 6.10 所示。

图 6.10　绘制侧面的弧线轮廓

（5）分别通过 3 个端点绘制弧线。

操作提示 ：3 个端点参见图示，然后进行镜像得到对称的弧线。

操作命令：ARC、MIRROR 等。

操作参考 ：如图 6.11 所示。

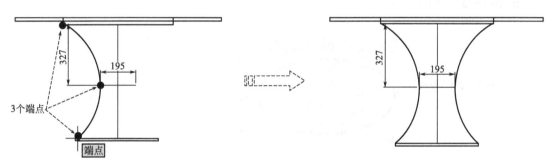

图 6.11　通过 3 个端点绘制弧线

（6）对茶几的不同设计材质进行图案填充。标注尺寸文字完成正立面图绘制。

操作提示 ：图案选择按设计效果选择即可，注意图案填充的比例及角度等参数设置。

操作命令：HATCH、TEXT、LINE、MTEXT、DIMLINEAR、DIMSTYLE 等。

操作参考 ：如图 6.12 所示。

图 6.12　完成正立面图绘制

（7）茶几侧立面的绘制方法与正立面绘制方法类似。

操作提示 ：可以将正立面复制，然后进行修改得到侧立面。具体绘制过程在此从略。

操作命令：ERASE、STRETCH、TRIM、LINE、CHAMFER 等。

操作参考：如图 6.13 所示。

图 6.13　茶几侧立面的绘制

（8）标注图名等，完成茶几绘制。

操作提示：及时保存图形，可打印输出。

操作命令：PLINE、TEXT、MTEXT、SCALE、MOVE、SAVE 等。

操作参考：如图 6.14 所示。

图 6.14　完成茶几绘制

6.2　凳子设计图 CAD 快速绘制

本节讲述如图 6.15 所示常见凳子的设计图 CAD 绘制方法与技巧。

6.2.1　凳子平面图 CAD 快速绘制

（1）本案例凳子平面图，凳子长 2400mm，宽 5500mm。

操作提示：凳子右侧一半为剖切面结构图形式。

操作命令：无。

操作参考：如图 6.16 所示。

图 6.15　某凳子设计图

图 6.16　凳子平面图

（2）绘制凳子平面左侧轮廓。

操作提示：凳子平面左侧轮廓的长度大小参考前面图示。

操作命令：PLINE、LINE、STRETCH、LENGTHEN、OFFSET、TRIM 等。

操作参考：如图 6.17 所示。

（3）对内部轮廓的角部细部处理可以使用 CHAMFER、FILLET 进行倒角处理。

图 6.17　绘制凳子平面左侧轮廓

操作提示：根据要求使用 FILLET 进行倒圆角处理。

操作命令：CHAMFER、FILLET 等。

命令：FILLET

当前设置：模式＝修剪，半径＝30.0000

选择第一个对象或［放弃（U)/多段线（P)/半径（R)/修剪（T)/多个（M)］：R

指定圆角半径＜30.0000＞：3

选择第一个对象或［放弃（U)/多段线（P)/半径（R)/修剪（T)/多个（M)］：

选择第一个对象或［放弃（U)/多段线（P)/半径（R)/修剪（T)/多个（M)］：

选择第二个对象，或按住 Shift 键选择对象以应用角点或［半径（R)］：

操作参考：如图 6.18 所示。

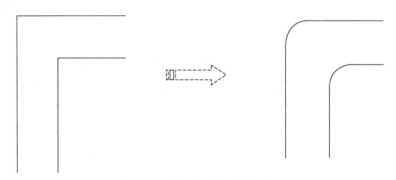

图 6.18　进行凳子平面倒角处理

（4）对内侧海绵区域轮廓进行图案填充。

操作提示：图案填充选择合适的图案表示海绵效果。

操作命令：HATCH、BHATCH 等。

操作参考：如图 6.19 所示。

图 6.19　内侧海绵区域图案填充

（5）将外侧左边的轮廓进行镜像得到右边外侧轮廓。

操作提示：以凳子的中部位置作为镜像轴线。

操作命令：MIRROR 等。

操作参考：如图 6.20 所示。

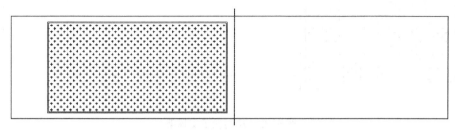

图 6.20　镜像得到右边外侧轮廓

（6）修改右侧外轮廓线型为虚线。

操作提示：线型可以使用 LINETYPE、LTSCALE 进行修改。

操作命令：LINETYPE、LTSCALE 等。

操作参考：如图 6.21 所示。

图 6.21　修改右侧外轮廓线型为虚线

（7）绘制凳子支撑架轮廓。

操作提示：支撑架的大小按设计确定。

操作命令：LINE、PLINE、OFFSET、TRIM、CHAMFER、ZOOM 等。

操作参考：如图 6.22 所示。

（8）绘制两个小矩形并进行剪切。

操作提示：矩形为凳子腿的轮廓。

操作命令：PLINE、MIRROR、COPY、TRIM 等。

操作参考：如图 6.23 所示。

（9）随机勾画凳子腿的截面轮廓线，使其具有纹理效果。

操作提示：可以使用 ARC、TRIM、SPLINE 等绘制，也可以使用 HATCH 选择合适的图案绘制。

图 6.22　绘制凳子支撑架

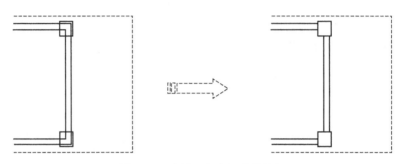

图 6.23　绘制两个小矩形并剪切

操作命令：ARC、TRIM、SPLINE、HATCH 等。

操作参考：如图 6.24 所示。

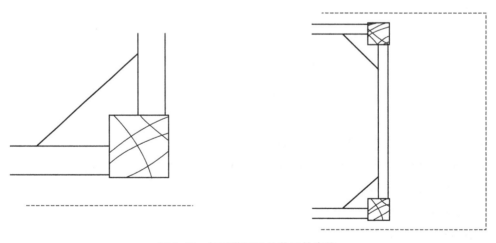

图 6.24　勾画凳子腿的截面轮廓线

（10）标注凳子平面图的文字及尺寸等。

操作提示：完成凳子平面图绘制。

操作命令：TEXT、MTEXT、SCALE、MOVE、DIMLINEAR、SAVE、PLINE 等。

操作参考：如图 6.25 所示。

图 6.25　完成凳子平面图绘制

6.2.2　凳子立面图 CAD 快速绘制

（1）凳子的立面图。

操作提示：凳子的立面图包括正立面和侧立面。以正立面图为例进行讲解，侧立面图绘制方法相同。

操作命令：无。

操作参考：如图 6.26 所示。

图 6.26　凳子的立面图

（2）凳子正立面图为对称图形，可以先绘制其一半图形。

操作提示：另外对称的图形通过镜像（MIRROR）快速得到。

操作命令：无。

操作参考：如图 6.27 所示。

（3）绘制左侧一半的凳子面板轮廓。

操作提示：其大小按设计确定的规格大小绘制。

操作命令：LINE、PLINE、OFFSET、TRIM 等。

操作参考：如图 6.28 所示。

（4）绘制凳子面板上部海绵轮廓。

操作提示：海绵轮廓范围大小按设计确定。

操作命令：PLINE、OFFSET、STRETCH、TRIM、EXTEND 等。

操作参考：如图 6.29 所示。

图 6.27　先绘制正立面一半图形

图 6.28　绘制左侧一半的凳子面板

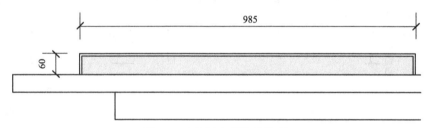

图 6.29　绘制上部海绵轮廓

（5）凳子面边角轮廓处理技巧。

操作提示：可以使用 CHAMFER、FILLET 功能命令快速处理为斜角、圆角。

操作命令：CHAMFER、FILLET 等。

· 命令：CHAMFER

（"修剪"模式）当前倒角距离 1＝2.0000，距离 2＝2.0000

选择第一条直线或［放弃（U）/多段线（P）/距离（D）/角度（A）/修剪（T）/方式（E）/多个（M）］：　D

指定第一个倒角距离＜2.0000＞：5

指定第二个倒角距离＜5.0000＞：5

选择第一条直线或［放弃（U）/多段线（P）/距离（D）/角度（A）/修剪（T）/方式（E）/多个（M）］：

选择第二条直线，或按住 Shift 键选择直线以应用角点或［距离（D）/角度（A）/方法（M）］：

· 命令：FILLET

当前设置：模式＝修剪，半径＝30.0000

选择第一个对象或 [放弃 (U)/多段线 (P)/半径 (R)/修剪 (T)/多个 (M)]：R
指定圆角半径＜30.0000＞：5
选择第一个对象或 [放弃 (U)/多段线 (P)/半径 (R)/修剪 (T)/多个 (M)]：
选择第二个对象，或按住 Shift 键选择对象以应用角点或 [半径 (R)]：
操作参考：如图 6.30 所示。

图 6.30 凳子面边角轮廓处理

（6）绘制凳子腿立面轮廓造型。

操作提示：凳子高度按设计确定的大小进行绘制。

操作命令：LINE、OFFSET、EXTEND、STRETCH、TRIM、MOVE 等。

操作参考：如图 6.31 所示。

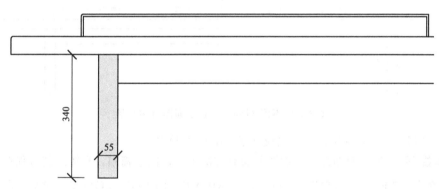

图 6.31 绘制凳子腿立面轮廓

（7）填充立面图海绵轮廓图案。

操作提示：图案选择根据设计的材质效果确定，注意填充比例及角度设置。

操作命令：HATCH 等。

操作参考：如图 6.32 所示。

（8）进行镜像，得到凳子正立面图对称图形。

操作提示：注意镜像的轴线位置

操作命令：MIRROR 等。

命令：MIRROR

选择对象：指定对角点：找到 8 个

选择对象：

指定镜像线的第一点：指定镜像线的第二点：

要删除源对象吗？[是 (Y)/否 (N)] ＜N＞：N

图 6.32　填充立面图海绵图案

操作参考：如图 6.33 所示。

图 6.33　镜像得到凳子正立面图对称图形

（9）进行尺寸、文字等标注，完成凳子正立面图绘制。

操作提示：侧立面图按正立面图的绘制方法进行，限于篇幅，具体绘制过程在此从略。

操作命令：TEXT、MTEXT、SCALE、MOVE、PLINE、ZOOM、SAVE 等。

操作参考：如图 6.34 所示。

图 6.34　完成凳子正立面图绘制

第7章

沙发及椅子类家具设计图 CAD快速绘制

本章以常见各种沙发及椅子（休闲椅）类家具设计图为例，介绍其 CAD 快速绘制方法与技巧。

为便于学习家具设计 CAD 绘图技能，本书提供本章讲解案例实例的 CAD 图形（.dwg 格式图形文件）供学习使用。读者连接互联网后可以到如下地址下载，图形文件仅供学习参考：

百度网盘（下载地址为：http：//pan.baidu.com/share/link？shareid=957696746&uk=605274645）

7.1 沙发设计图 CAD 快速绘制

本节讲述如图 7.1 所示常见某 3 人沙发的设计图 CAD 绘制方法与技巧。

7.1.1 沙发平面图 CAD 快速绘制

（1）3 人沙发的平面图。

操作提示：先绘制沙发的平面图。

操作命令：无。

操作参考：如图 7.2 所示。

（2）按沙发外围长度大小绘制其轮廓。

操作提示：本案例设计的 3 人沙发长度 2100mm。

操作命令：PLINE、LINE、RECTANG、STRETCH、OFFSET 等。

操作参考：如图 7.3 所示。

（3）创建沙发两侧扶手轮廓线。

操作提示：先绘制其中一侧的扶手造型，另外一侧的造型通过进行镜像快速得到。

操作命令：LINE、OFFSET、CHAMFER、TRIM、MOVE、STRETCH、EXTEND 等。

操作参考：如图 7.4 所示。

（4）勾画沙发靠背分隔轮廓线条。

操作提示：偏移后侧轮廓线一定距离即可得到。

图 7.1 某 3 人沙发设计图

图 7.2 3 人沙发的平面图

图 7.3 绘制沙发外围轮廓

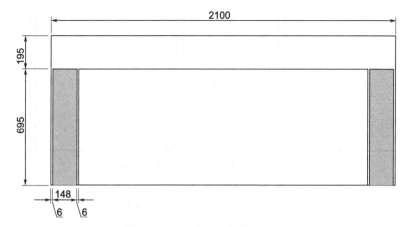

图 7.4　创建沙发两侧扶手轮廓

操作命令：OFFSET、MOVE、STRETCH 等。

操作参考：如图 7.5 所示。

图 7.5　勾画沙发靠背分隔轮廓

(5) 对轮廓线边角处进行处理，使其圆滑过渡。

操作提示：使用 FILLET 功能命令快速处理得到。

操作命令：FILLET、ARC、TRIM 等。

命令：FILLET

当前设置：模式＝修剪,半径＝25.0000

选择第一个对象或［放弃(U)/多段线(P)/半径(R)/修剪(T)/多个(M)］：R

指定圆角半径 ＜25.0000＞：20

选择第一个对象或［放弃(U)/多段线(P)/半径(R)/修剪(T)/多个(M)］：

选择第二个对象,或按住 Shift 键选择对象以应用角点或［半径(R)］：

操作参考：如图 7.6 所示。

(6) 进行剪切处理突出的线条。

操作提示：使用 FILLET、CHAMFER 进行圆角及斜角的处理。

操作命令：FILLET、CHAMFER 等。

操作参考：如图 7.7 所示。

(7) 其他相关位置角部处理方法类似。

操作提示：按设计效果角部需处理为圆角。

操作命令：FILLET、EXTEND、TRIM、LINE、STRETCH 等。

图 7.6 对轮廓线边角处进行处理

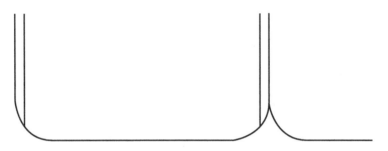

图 7.7 剪切处理突出的线条

命令：EXTEND

当前设置：投影＝UCS,边＝无

选择边界的边 ...

选择对象或 ＜全部选择＞：找到 1 个

选择对象：

选择要延伸的对象,或按住 Shift 键选择要修剪的对象,或

［栏选(F)/窗交(C)/投影(P)/边(E)/放弃(U)］：

选择要延伸的对象,或按住 Shift 键选择要修剪的对象,或

［栏选(F)/窗交(C)/投影(P)/边(E)/放弃(U)］：

操作参考 ：如图 7.8 所示。

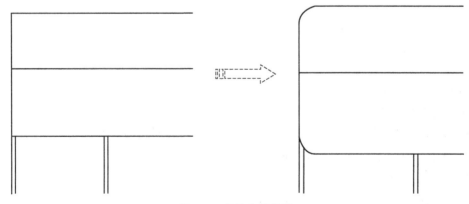

图 7.8 其他角部处理

（8）继续进行角部处理，完成沙发平面主要轮廓线绘制。

操作提示：角度处理位置根据设计要求确定。

操作命令：ZOOM、SAVE 等。

操作参考：如图 7.9 所示。

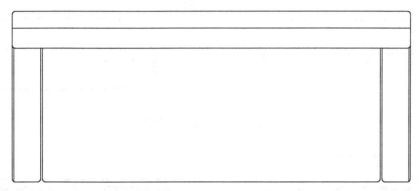

图 7.9 完成沙发平面主要轮廓线

（9）在沙发内侧靠垫长度范围绘制一条直线，然后进行三等分。

操作提示：等分前先使用 DDPTYPE 设置点的样式。等分便于下一步绘制靠垫轮廓大小。

操作命令：LINE、DDPTYPE、DIVE 等。

操作参考：如图 7.10 所示。

图 7.10 进行三等分

（10）按等分范围大小勾画沙发靠垫轮廓。

操作提示：先绘制其中一个，其他两个可以通过复制得到。

操作命令：LINE、OFFSET、ARC、MIRROR、MOVE、STRETCH 等。

操作参考：如图 7.11 所示。

（11）继续进行勾画靠垫轮廓造型。

操作提示：靠垫轮廓造型效果按设计自行发挥，对角部交接处理可以使用 FILLET 功能命令。

操作命令：ARC、FILLET、TRIM 等。

操作参考：如图 7.12 所示。

（12）进行复制得到另外两个靠垫轮廓造型。

图 7.11　勾画沙发靠垫轮廓

图 7.12　继续勾画靠垫轮廓

操作提示：复制利用捕捉功能进行定位。

操作命令：COPY、MOVE、MIRROR 等。

操作参考：如图 7.13 所示。

图 7.13　复制得到另外两个靠垫轮廓

(13) 对沙发平面图进行图案填充。

操作提示：填充图案的选择根据设计效果确定。

操作命令：HATCH 等。

操作参考：如图 7.14 所示。

(14) 标注说明文字、规格尺寸等。完成沙发平面图绘制。

操作提示：尺寸标注位置按需要处理，并删除多余的线条（如等分点符号）。

操作命令：MTEXT、TEXT、SACLE、MOVE、PLINE、DIMLINEAR、ERASE、SAVE 等。

命令：DIMLINEAR

图 7.14 沙发平面图图案填充

指定第一个尺寸界线原点或＜选择对象＞：

指定第二条尺寸界线原点：

指定尺寸线位置或

[多行文字(M)/文字(T)/角度(A)/水平(H)/垂直(V)/旋转(R)]：

标注文字＝88

操作参考：如图 7.15 所示。

图 7.15 标注说明文字、规格尺寸等

7.1.2 沙发立面图 CAD 快速绘制

（1）沙发立面图。

操作提示：沙发立面图包括正立面图和侧立面。按正立面图进行绘制讲解，侧立面绘制方法类似。

操作命令：无。

操作参考：如图 7.16 所示。

（2）先绘制沙发左侧的沙发支撑腿及扶手轮廓造型。

操作提示：右侧沙发支撑腿及扶手通过复制 COPY 等得到。

操作命令：LINE、OFFSET、LENGTHEN、STRETCH、MOVE、TRIM、CHAM-

图 7.16 沙发正立面图

FER 等。

操作参考：如图 7.17 所示。

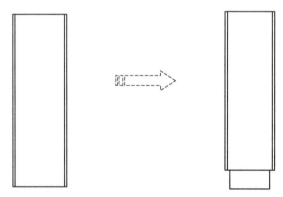

图 7.17 绘制沙发支撑腿及扶手

(3) 创建沙发右侧支撑腿及扶手造型。

操作提示：先标注沙发的长度，然后以尺寸线的中点位置作为镜像轴线进行镜像。

操作命令：DIMLINEAR、MIRROR 等。

• 命令：DIMLINEAR

指定第一个尺寸界线原点或 ＜选择对象＞：

指定第二条尺寸界线原点：

指定尺寸线位置或

［多行文字(M)/文字(T)/角度(A)/水平(H)/垂直(V)/旋转(R)］：

标注文字＝2100

命令：指定对角点或［栏选(F)/圈围(WP)/圈交(CP)］：

命令：指定对角点或［栏选(F)/圈围(WP)/圈交(CP)］：

• 命令：MIRROR

选择对象：指定对角点：找到 4 个

选择对象：

指定镜像线的第一点：指定镜像线的第二点：

要删除源对象吗？［是(Y)/否(N)］＜N＞：N

操作参考：如图 7.18 所示。

图 7.18　创建沙发右侧支撑腿及扶手

（4）勾画沙发中间座位立面轮廓线。

操作提示：对平行线使用偏移 OFFSET 功能可以快速创建。

操作命令：LINE、OFFSET、MOVE、EXTEND、STRETCH、TRIM 等。

命令：OFFSET

当前设置：删除源＝否　图层＝源　OFFSETGAPTYPE＝0

指定偏移距离或［通过(T)/删除(E)/图层(L)］＜通过＞：160

选择要偏移的对象，或［退出(E)/放弃(U)］＜退出＞：

指定要偏移的那一侧上的点，或［退出(E)/多个(M)/放弃(U)］＜退出＞：

操作参考：如图 7.19 所示。

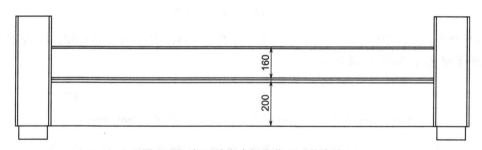

图 7.19　勾画沙发中间座位立面轮廓线

（5）创建沙发面层轮廓线。

操作提示：使用 ARC 绘制面层轮廓线，形成一定弧度。

操作命令：LINE、MOVE、ARC 等。

操作参考：如图 7.20 所示。

（6）对沙发面层一些角部进行细部处理。

操作提示：绘制短直线作为辅助线进行边角处理。选择时不易选择到短直线，可以将其设置到新的图层，将其他图层锁定。

操作命令：LAYER、LINE、MOVE、FILLET、TRIM 等。

操作参考：如图 7.21 所示。

（7）按上述方法同样处理右侧的细部效果。

操作提示：也可以先绘制沙发面层轮廓一半的造型，另外一半通过镜像快速得到。

图 7.20　创建沙发面层轮廓线

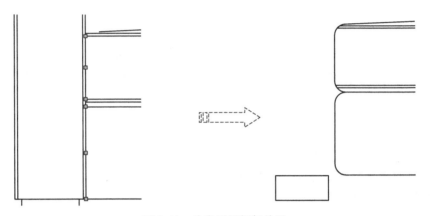

图 7.21　沙发面层细部处理

操作命令：LAYER、LINE、MOVE、FILLET、TRIM、MIROR、ZOOM、ERASE 等。

操作参考：如图 7.22 所示。

图 7.22　其他位置沙发面层细部处理

（8）绘制沙发左侧扶手面层弧线轮廓。

操作提示：先绘制一段短直线，位于扶手中部位置。然后使用 ARC 绘制弧线，再通过 FILLET 进行处理。

操作命令：LINE、MOVE、ARC、FILLET 等。

操作参考：如图 7.23 所示。

（9）进一步进行扶手造型轮廓修改。

操作提示：右侧扶手造型按相同方法处理，也可以通过镜像或复制得到。

操作命令：ERASE、TRIM、LINE、MOVE、ARC、FILLET、COPY、MIRROR 等。

图 7.23 绘制沙发左侧扶手面层弧线

操作参考：如图 7.24 所示。

图 7.24 扶手造型轮廓修改

（10）绘制沙发靠背轮廓。

操作提示：按造型的一半进行绘制。

操作命令：LINE、MOVE、STRETCH 等。

操作参考：如图 7.25 所示。

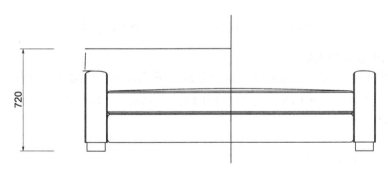

图 7.25 绘制沙发靠背

（11）对靠背轮廓进行细部处理。

操作提示：然后进行镜像得到右侧的沙发靠背轮廓造型。

操作命令：FILLET、TRIM、MIRROR、ERASE 等。

操作参考：如图 7.26 所示。

（12）先确定立面图中的沙发靠垫轮廓范围。

操作提示：沙发靠垫大小按平面图确定的大小绘制。

操作命令：无。

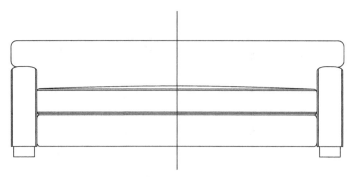

图 7.26　靠背轮廓进行细部处理

操作参考：如图 7.27 所示。

图 7.27　确定立面图中的沙发靠垫轮廓范围

（13）勾画沙发靠垫轮廓。

操作提示：沙发靠垫轮廓造型的圆滑过渡使用 FILLET 功能命令实现。

操作命令：ARC、SPLINE、LINE、FILLET、STRETCH、TRIM、EXTEND 等。

操作参考：如图 7.28 所示。

图 7.28　勾画沙发靠垫

（14）其他靠垫造型利用复制得到。

操作提示：3个靠垫造型一般相同。对细部的线条通过延伸（EXTEND）及剪切进行修改。

操作命令：COPY、MOVE、TRIM、EXTEND、ZOOM 等。

命令：EXTEND

当前设置：投影＝UCS,边＝无

选择边界的边...

选择对象或＜全部选择＞： 找到 1 个

选择对象：找到 1 个,总计 2 个

选择对象：

选择要延伸的对象,或按住 Shift 键选择要修剪的对象,或

［栏选(F)/窗交(C)/投影(P)/边(E)/放弃(U)］： 指定对角点：

选择要延伸的对象,或按住 Shift 键选择要修剪的对象,或

［栏选(F)/窗交(C)/投影(P)/边(E)/放弃(U)］：

操作参考：如图 7.29 所示。

图 7.29　复制得到其他靠垫

(15) 对靠垫内的线条进行剪切。

操作提示：因该范围的线条被靠垫遮挡是看不到的。

操作命令：TRIM、ZOOM、SAVE 等。

操作参考：如图 7.30 所示。

图 7.30　对靠垫内的线条进行剪切

(16) 根据需要，可以在靠垫范围内再绘制一段短直线，并将其设置为虚线。

操作提示：线型修改使用 LINETYPE、LTSCALE 等功能命令。

操作命令：LINE、MOVE、EXTEND、TRIM、LINETYPE、LTSCALE 等。

操作参考：如图 7.31 所示。

图 7.31　绘制一段短直线

（17）根据设计效果对沙发立面图进行图案填充。

操作提示：图案选择按沙发设计材质确定。

操作命令：HATCH 等。

操作参考：如图 7.32 所示。

图 7.32　沙发立面图填充图案

（18）标注沙发立面图的相关说明文字、尺寸。

操作提示：完成沙发正立面图绘制，其侧立面图绘制方法类似。

操作命令：DIMLINEAR、MTEXT、PLINE、TEXT、SCALE、MOVE、LINE 等。

操作参考：如图 7.33 所示。

图 7.33　完成沙发立面图绘制

7.2 椅子（休闲椅）设计图 CAD 快速绘制

本节讲述如图 7.34 所示常见椅子（休闲椅）的设计图 CAD 绘制方法与技巧。

图 7.34 某椅子（休闲椅）设计图

7.2.1 椅子（休闲椅）平面图 CAD 快速绘制

（1）休闲椅子的平面图。

操作提示：先讲解休闲椅的平面图绘制方法与技巧。

操作命令：无。

操作参考：如图 7.35 所示。

（2）绘制休闲椅平面图的左侧及下侧轮廓线。

操作提示：椅子的大小及方向按设计确定。

操作命令：LINE、OFFSET、TRIM、EXTEND 等。

操作参考：如图 7.36 所示。

（3）按设计要求将侧面轮廓线旋转一定角度。

操作提示：注意旋转方向，输入正值数字旋转方向为逆时针方向。

操作命令：ROTATE、TRIM、EXTEND、STRETCH 等。

海绵扣布
(进口防火布)

平面图

图 7.35　休闲椅的平面图

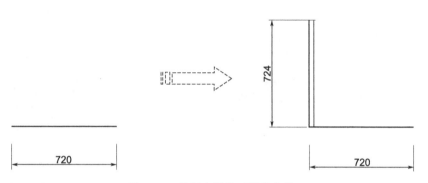

图 7.36　绘制左侧及下侧轮廓线

命令：ROTATE

UCS 当前的正角方向：　ANGDIR＝逆时针　ANGBASE＝0

找到 2 个

指定基点：

指定旋转角度,或 ［复制(C)/参照(R)］＜0＞：－4

操作参考：如图 7.37 所示。

图 7.37　侧面轮廓线旋转一定角度

（4）勾画休闲椅左下角平面细部轮廓造型。

操作提示：休闲椅左下角平面细部按设计要求绘制。

操作命令：LINE、ROTATE、MOVE、TRIM、EXTEND、CIRCLE、ZOOM 等。

操作参考：如图 7.38 所示。

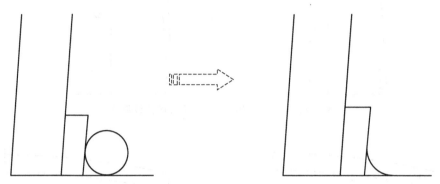

图 7.38　勾画休闲椅左下角平面细部

（5）绘制休闲椅左侧上部细部轮廓。

操作提示：对倾斜的线条，先绘制垂直或水平方向的线条，然后旋转即可。

操作命令：LINE、MOVE、TRIM、ROTATE、CHAMFER 等。

操作参考：如图 7.39 所示。

图 7.39　绘制休闲椅左侧上部细部

（6）绘制休闲椅平面图上部的弧线靠背造型。

操作提示：按一半造型绘制。

操作命令：ARC、MOVE、OFFSET、EXTEND、STRETCH、MOVE、TRIM 等。

操作参考：如图 7.40 所示。

（7）对休闲椅平面进行修剪编辑。

操作提示：线条修剪范围按设计确定。

操作命令：TRIM、ZOOM、EXTEND、CHAMFER 等。

操作参考：如图 7.41 所示。

（8）勾画休闲椅平面图内侧细部造型。

操作提示：绘制一段辅助线，然后延伸（EXTEND）、偏移（OFFSET）得到相应的

图 7.40　绘制休闲椅平面图上部的弧线靠背

图 7.41　对休闲椅平面进行修剪

造型轮廓。

　　操作命令：OFFSET、LINE、EXTEND、STRETCH、MOVE 等。

　　操作参考：如图 7.42 所示。

图 7.42　勾画休闲椅平面图内侧细部

（9）继续进行休闲椅平面图内侧细部造型绘制。

　　操作提示：利用弧线、短直线、小圆形等辅助线结合捕捉功能进行。

　　操作命令：LINE、CIRCLE、ARC、MOVE、TRIM、EXTEND、CHAMFER 等。

　　操作参考：如图 7.43 所示。

（10）勾画休闲椅靠背垫的轮廓造型。

　　操作提示：可以使用 ARC、SPLINE 进行勾画。

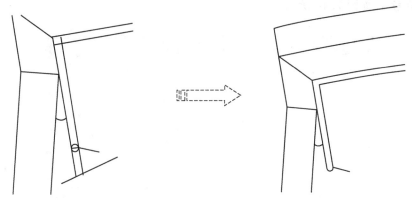

图 7.43　继续绘制休闲椅平面图内侧细部

操作命令：ARC、SPLINE、TRIM、MOVE、EXTEND 等。

操作参考：如图 7.44 所示。

图 7.44　勾画休闲椅靠背垫

(11) 将休闲椅左侧图形按中心位置进行镜像，得到右侧图形。

操作提示：进行镜像时选择左侧全部图形对象。

操作命令：MIRROR、ZOOM 等。

操作参考：如图 7.45 所示。

图 7.45　镜像得到右侧图形

(12) 对椅子平面图进行图案填充。

操作提示：图案填充按设计确定。

操作命令：ERASE、ZOOM、HATCH、SAVE、PAN 等。

操作参考：如图7.46所示。

图7.46 椅子平面图进行图案填充

（13）标注休闲椅说明文字、规格尺寸等。

操作提示：完成休闲椅平面图绘制。

操作命令：PLINE、LINE、TEXT、MTEXT、MOVE、SCALE、ZOOM等。

操作参考：如图7.47所示。

图7.47 完成休闲椅平面图

7.2.2 椅子（休闲椅）立面图CAD快速绘制

（1）休闲椅的立面图包括正立面图、侧立面图。

操作提示：下面以休闲椅的侧立面图为例进行讲解，正立面图绘制方法类似。

操作命令：无。

操作参考：如图7.48所示。

（2）绘制休闲椅侧立面的右侧轮廓。

操作提示：椅子的扶手先按水平线绘制，然后单击左端点将其下移一点距离使其呈倾斜效果。

操作命令：LINE、TRIM、CHAMFER、MOVE、CHAMFER等。

命令：chamfer

（"修剪"模式）当前倒角距离 1＝10.0000,距离 2＝10.0000

选择第一条直线或［放弃(U)/多段线(P)/距离(D)/角度(A)/修剪(T)/方式(E)/多个(M)］： D

指定 第一个 倒角距离 ＜10.0000＞：0

图 7.48　休闲椅的立面图

指定 第二个 倒角距离 ＜0.0000＞：0

选择第一条直线或［放弃(U)/多段线(P)/距离(D)/角度(A)/修剪(T)/方式(E)/多个(M)］：

选择第二条直线,或按住 Shift 键选择直线以应用角点或［距离(D)/角度(A)/方法(M)］：

操作参考：如图 7.49 所示。

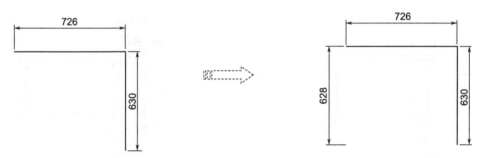

图 7.49　绘制侧立面的右侧轮廓

（3）通过偏移创建椅子的扶手及右边椅子腿轮廓。

操作提示：椅子扶手及椅子腿大小按设计确定。

操作命令：OFFSET、LINE、TRIM、CHAMFER、STRETCH、MOVE 等。

操作参考：如图 7.50 所示。

（4）创建椅子侧立面的椅子腿下横杆支撑。

操作提示：横杆支撑的位置及倾斜角度按设计确定。

操作命令：LINE、STRETCH、MOVE、ROTATE、TRIM、CHAMFER、ZOOM 等。

操作参考：如图 7.51 所示。

（5）勾画休闲椅侧立面的左侧椅子腿及靠背轮廓。

操作提示：左侧椅子腿及靠背轮廓为弧线造型，使用 ARC 及 OFFSET 进行绘制。

操作命令：ARC、OFFSET、MOVE、STRETCH、TRIM、CHAMFER、PAN 等。

操作参考：如图 7.52 所示。

图 7.50　创建椅子扶手及右边椅子腿

图 7.51　创建椅子腿下横杆支撑

图 7.52　勾画左侧椅子腿及靠背轮廓

（6）休闲椅靠背轮廓造型绘制。

操作提示：椅子靠背的造型按设计确定的形式绘制，仅供参考。

操作命令：ARC、OFFSET、TRIM、MOVE、CHAMFER、ZOOM 等。

操作参考：如图 7.53 所示。

（7）休闲椅的靠背垫轮廓创建。

操作提示：休闲椅的靠背垫轮廓分 2 段或多段进行绘制，以便于部分被遮挡的线型修改。

操作命令：ARC、SPLINE、TRIM、STRETCH、MOVE 等。

操作参考：如图 7.54 所示。

（8）对被遮挡部分的休闲椅靠垫造型轮廓线进行线型修改。

操作提示：一般线型修改为虚线。

操作命令：LINETYPE、LTSCALE 等。

图 7.53　靠背轮廓造型绘制

图 7.54　靠背垫轮廓创建

操作参考：如图 7.55 所示。

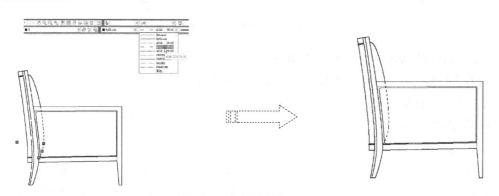

图 7.55　进行靠垫线型修改

（9）勾画休闲椅坐垫轮廓造型。

操作提示：坐垫造型按休闲椅设计风格确定，因其被遮挡，宜将线条修改为虚线线型。

操作命令：ARC、SPLINE、TRIM、STRETCH、MOVE、LINETYPE、LTSCALE 等。

操作参考：如图 7.56 所示。

（10）休闲椅的活动靠垫（靠枕）造型绘制。

操作提示：活动靠垫（靠枕）轮廓造型线条按两部分绘制，便于修改底部线条线型。

图 7.56　勾画休闲椅坐垫轮廓

操作命令：ARC、SPLINE、TRIM、STRETCH、MOVE、LINETYPE、LTSCALE 等。

操作参考：如图 7.57 所示。

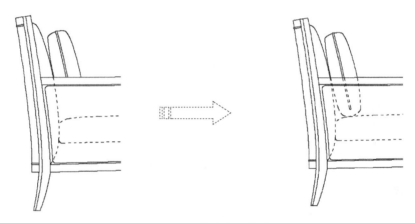

图 7.57　靠枕造型绘制

（11）对休闲椅部分区域进行图案填充。

操作提示：填充范围及图案效果根据休闲椅设计效果确定。

操作命令：HATCH、ZOOM、PAN 等。

操作参考：如图 7.58 所示。

（12）对休闲椅进行尺寸、文字等标注。

操作提示：完成休闲椅的侧立面图绘制，休闲椅的正立面图绘制方法类似。

操作命令：PLINE、LINE、DIMLINEAR、DIMALIGNED、TEXT、MTEXT、SCALE、MOVE 等。

命令：dimaligned
指定第一个尺寸界线原点或 <选择对象>：
指定第二个尺寸界线原点：
指定尺寸线位置或
[多行文字(M)/文字(T)/角度(A)]：
标注文字＝35

操作参考：如图 7.59 所示。

图 7.58　部分区域进行图案填充

图 7.59　完成休闲椅的侧立面图

Chapter 8

第8章

桌子类家具设计图CAD快速绘制

本章以常见各种办公桌及会议桌等桌子类家具设计图为例，介绍其 CAD 快速绘制方法与技巧。

为便于学习家具设计 CAD 绘图技能，本书提供本章讲解案例实例的 CAD 图形（.dwg 格式图形文件）供学习使用。读者连接互联网后可以到如下地址下载，图形文件仅供学习参考：

百度网盘（下载地址为：http：//pan.baidu.com/share/link？shareid＝962675728&uk＝605274645）

8.1 办公桌设计图 CAD 快速绘制

本节讲述如图 8.1 所示常见办公桌的设计图 CAD 绘制方法与技巧。

8.1.1 办公桌平面图 CAD 快速绘制

（1）办公桌平面图。

操作提示：办公桌左侧一半为桌面平面图，右侧一半为桌面底构造图。

操作命令：无。

操作参考：如图 8.2 所示。

（2）绘制办公桌左侧轮廓。

操作提示：办公桌左侧轮廓大小为桌子的一半。

操作命令：LINE、CHAMFER、OFFSET、PLINE、TRIM 等。

操作参考：如图 8.3 所示。

（3）对左侧办公桌桌面填充图案。

操作提示：桌面图案为木质纹理效果。

操作命令：HATCH、BHATCH、ZOOM 等。

操作参考：如图 8.4 所示。

（4）勾画办公桌右侧支撑架轮廓。

操作提示：桌面支撑架构造形式按设计确定。

图纸名称 CONTENT		设计/绘图 DESIGN BY	校对 CHECK BY	审核 AUDITING BY	图号 DWG.NO	日期 DATE

图 8.1　某办公桌设计图

图 8.2　办公桌平面图

图 8.3　绘制办公桌左侧轮廓

操作命令：LINE、POLYGON、PLINE、TRIM、EXTEND、MOVE、OFFSET、STRETCH、CHAMFER、COPY、MIRROR 等。

图 8.4　对左侧办公桌桌面填充图案

- 命令：POLYGON

输入侧面数 ＜4＞：4

指定正多边形的中心点或 ［边(E)］：E

指定边的第一个端点：指定边的第二个端点：　＜正交 开＞45

- 命令：STRETCH

以交叉窗口或交叉多边形选择要拉伸的对象 . . .

选择对象：指定对角点：找到 1 个

选择对象：

指定基点或 ［位移(D)］＜位移＞：

指定第二个点或 ＜使用第一个点作为位移＞：

操作参考：如图 8.5 所示。

图 8.5　画办公桌右侧支撑架

（5）继续进行办公桌右侧支撑架构造图绘制。

操作提示：包括中间的抽屉内部结构造型。

操作命令：LINE、PLINE、MOVE、OFFSET、STRETCH、CHAMFER、TRIM、EXTEND、MIRROR 等。

操作参考：如图 8.6 所示。

（6）绘制办公桌右侧支撑架构造中的木方截面造型。

操作提示：木方大小按设计确定。

图 8.6　办公桌右侧支撑架构造图绘制

操作命令：RECTANG、MOVE、COPY、TRIM、ROTATE、ZOOM 等。

操作参考：如图 8.7 所示。

图 8.7　绘制木方截面造型

（7）对办公桌桌腿截面勾画一些纹理，使其更形象。

操作提示：也可以不绘制截面纹理。

操作命令：ARC、SPLINE、OFFSET、TRIM、STRETCH、EXTEND、ZOOM 等。

操作参考：如图 8.8 所示。

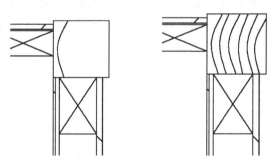

图 8.8　桌腿截面勾画一些纹理

（8）对办公桌平面图标注尺寸、文字说明等。

操作提示：完成办公桌平面图绘制。

操作命令：PLINE、LINE、TEXT、MTEXT、DIMLINEAR、SCALE、MOVE 等。

操作参考：如图 8.9 所示。

8.1.2　办公桌立面图 CAD 快速绘制

（1）办公桌立面图包括正立面图、侧立面图。

图 8.9 完成办公桌平面图绘制

操作提示：本节将以办公桌立面图为例。

操作命令：无。

操作参考：如图 8.10 所示。

图 8.10 办公桌立面图

（2）创建办公桌桌腿轮廓。

操作提示：桌腿造型采用直线还是弧线形式，根据实际设计确定。

操作命令：LINE、PLINE、ARC、TRIM、CHAMFER、MOVE、ZOOM 等。

操作参考：如图 8.11 所示。

图 8.11 创建办公桌桌腿轮廓

（3）绘制办公桌桌面厚度、底侧轮廓线及另外一侧的桌腿轮廓。

操作提示：办公桌长度与平面图保持一致。另外一侧的桌腿可以通过镜像快速得到。

操作命令：LINE、PLINE、MIRROR、EXTEND、MOVE 等。

操作参考：如图 8.12 所示。

图 8.12　绘制另外一侧的桌腿轮廓

（4）办公桌桌面轮廓绘制。

操作提示：桌面长度与办公桌平面图一致。

操作命令：LINE、PLINE、STRETCH、OFFSET、LENGTHEN、MOVE、PAN 等。

操作参考：如图 8.13 所示。

图 8.13　绘制办公桌桌面轮廓

（5）办公桌边缘细部处理。

操作提示：可以处理为斜角、圆角等。

操作命令：FILLET、CHAMFER、TRIM、EXTEND、CIRCLE、ARC 等。

操作参考：如图 8.14 所示。

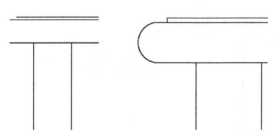

图 8.14　边缘细部处理

（6）绘制中间抽屉立面图轮廓线。

操作提示：抽屉大小根据办公桌整体大小按比例设计确定。

操作命令：LINE、OFFSET、TRIM、EXTEND、MOVE、PAN、SAVE 等。

图 8.15　绘制中间抽屉立面图

（7）对办公桌立面图进行图案填充。

操作提示：图案选择按办公桌材质确定。

操作命令：ZOOM、HATCH、BHTACH 等。

操作参考：如图 8.16 所示。

图 8.16　对办公桌立面图进行图案填充

（8）对办公桌正立面图标注尺寸、说明文字等。

操作提示：完成办公桌正立面图绘制。

操作命令：PLINE、LINE、TEXT、MTEXT、MOVE、DIMLINEAR、SCALE 等。

操作参考：如图 8.17 所示。

图 8.17　完成办公桌正立面图绘制

8.2 会议桌设计图 CAD 快速绘制

本节讲述如图 8.18 所示常见会议桌的设计图 CAD 绘制方法与技巧。

图 8.18 某会议桌设计图

8.2.1 会议桌平面图 CAD 快速绘制

（1）会议桌平面图。

操作提示：先绘制会议桌的平面图，会议桌平面图分为对称的两部分，一半为桌面平面，一半为去掉桌面下部支撑的平面图。

操作命令：无。

操作参考：如图 8.19 所示。

（2）绘制会议桌桌面左侧弧线轮廓。

操作提示：先从会议桌左侧弧线轮廓开始绘制。绘制直线作为绘制弧线的辅助线，再通过 3 点定位方式绘制弧线。

操作命令：LINE、STRETCH、EXTEND、TRIM、MOVE、ARC 等。

命令：ARC

指定圆弧的起点或［圆心(C)］：

指定圆弧的第二个点或［圆心(C)/端点(E)］：

指定圆弧的端点：

图 8.19　会议桌的平面图

操 作 参 考：如图 8.20 所示。

图 8.20　绘制会议桌桌面左侧弧线

（3）会议桌上部弧线轮廓绘制。

操 作 提 示：先绘制全长的水平线及弧线高度辅助线。

操作命令：LINE、PLINE、MOVE、TRIM、EXTEND 等。

操 作 参 考：如图 8.21 所示。

图 8.21　会议桌上部弧线轮廓绘制

（4）绘制会议桌上部的弧线轮廓。

操作提示：通过3点定位方式绘制会议桌上部的弧线轮廓。

操作命令：ARC 等。

命令：ARC

指定圆弧的起点或［圆心(C)］：

指定圆弧的第二个点或［圆心(C)/端点(E)］：

指定圆弧的端点：

操作参考：如图8.22所示。

图8.22 绘制会议桌上部的弧线

（5）进行线条剪切即可得到会议桌一半的弧线造型。

操作提示：其他辅助线可以删除。

操作命令：TRIM、ERASE、ZOOM、PAN 等。

操作参考：如图8.23所示。

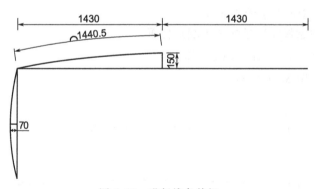

图8.23 进行线条剪切

（6）创建皮质垫板区域中间弧线轮廓。

操作提示：皮质垫板区域轮廓形状按设计。本案例采用弧线设计，先绘制直线作为辅助线，然后通过辅助线指定3点创建弧线。

操作命令：LINE、PLINE、TRIM、MOVE、EXTEND、ARC 等。

操作参考：如图8.24所示。

（7）先绘制辅助线，准备创建皮质垫板区域上侧弧线轮廓。

操作提示：注意辅助性的长度并不与桌面弧线相交。

操作命令：LINE、PLINE、TRIM、MOVE、EXTEND、ZOOM、PAN 等。

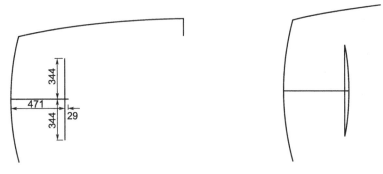

图 8.24　创建皮质垫板区域中间弧线

操作参考：如图 8.25 所示。

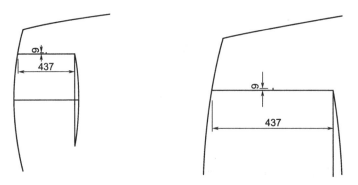

图 8.25　绘制辅助线

（8）通过辅助线指定 3 点绘制弧线。

操作提示：注意弧线通过的 3 个端点位置。

操作命令：ARC、ZOOM、SAVE 等。

操作参考：如图 8.26 所示。

通过指定3点位置绘制弧线

图 8.26　通过辅助线指定 3 点绘制弧线

（9）通过皮质垫板区域右边边线的端点绘制一个圆形。

操作提示：然后连接圆形圆心与桌面边线交点连接直线。

操作命令：CIRCLE、LINE、TRIM 等。

操作参考：如图 8.27 所示。

圆形圆心

详见右侧图示

交点

图 8.27　绘制一个圆形

（10）旋转弧线至前一步绘制的连接直线位置。

操作提示：旋转时使用旋转的"参照（R）"功能进行操作。

操作命令：ZOOM、ROTATE、PAN、SAVE 等。

命令：ROTATE

UCS 当前的正角方向：　　ANGDIR＝递时针　　ANGBASE＝0

选择对象：找到 1 个

选择对象：

指定基点：

指定旋转角度,或［复制(C)/参照(R)］＜5＞：　R

指定参照角 ＜175＞：　指定第二点：

指定新角度或［点(P)］＜180＞：

操作参考：如图 8.28 所示。

图 8.28　旋转弧线

（11）删除多余的辅助线即可得到皮质垫板区域轮廓。

操作提示：得到的是上半部区域的轮廓线。

操作命令：EARSE、ZOOM、PAN 等。

操作参考：如图 8.29 所示。

（12）进行镜像即可得到下半部区域的轮廓线。

图 8.29　删除多余的辅助线

操作提示：镜像轴线位置为桌面中间线。

操作命令：MIRROR 等。

操作参考：如图 8.30 所示。

（13）位于桌面中部另外一处的皮质垫板轮廓绘制方法相同。

操作提示：皮质垫板设置按设计效果确定。

操作命令：LINE、ARC、TRIM、EXTEND、MIRROR、ZOOM、SAVE 等。

操作参考：如图 8.31 所示。

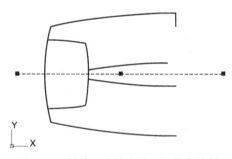

图 8.30　镜像得到下半部区域的轮廓线
图 8.31　另外一处的皮质垫板轮廓绘制

（14）进行镜像得到另外一半桌面的外侧轮廓。

操作提示：由于另外一半需绘制桌面下部的支撑结构平面轮廓，因此进行镜像时仅选择桌面外轮廓线即可。

操作命令：MIRROR、ZOOM、SAVE 等。

操作参考：如图 8.32 所示。

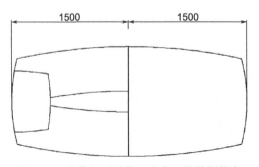

图 8.32　镜像得到另外一半桌面的外侧轮廓

（15）绘制会议桌底部支撑架。

操作提示：根据实际设计情况，将部分轮廓线线型设置为虚线。中间半个的支撑轮廓造型通过复制、剪切整个支撑的轮廓造型快速得到。

操作命令：PLINE、RECTANG、LINE、OFFSET、TRIM、CHAMFER、COPY、LINETYPE、LTSCALE 等。

操作参考：如图 8.33 所示。

图 8.33　绘制会议桌底部支撑架

（16）创建横向连接支撑。

操作提示：横向支撑连接轮廓位于中间位置，其支撑连接构造关系按设计确定。

操作命令：LINE、OFFSET、TRIM、LINETYPE、LTSCALE 等。

操作参考：如图 8.34 所示。

图 8.34　创建横向连接支撑

（17）绘制近似椭圆形桌腿造型。

操作提示：先绘制辅助线，利用辅助线绘制弧线。

操作命令：LINE、MOVE、TRIM、ARC 等。

操作参考：如图 8.35 所示。

（18）对弧线进行镜像，两段弧线通过倒圆角（FILLET）功能进行圆滑连接。

操作提示：倒圆角（FILLET）时注意倒角半径大小适中（本案例 $R=11.5$）。另外支撑处相同造型可以通过复制、修剪完成。

操作命令：MIRROR、FILLET 等。

命令：FILLET

当前设置：模式＝修剪，半径＝50.0000

选择第一个对象或 [放弃(U)/多段线(P)/半径(R)/修剪(T)/多个(M)]：R

指定圆角半径 ＜50.0000＞：11.5

选择第一个对象或 [放弃(U)/多段线(P)/半径(R)/修剪(T)/多个(M)]：

选择第二个对象，或按住 Shift 键选择对象以应用角点或 [半径(R)]：

操作参考：如图 8.36 所示。

图 8.35　绘制近似椭圆形桌腿造型　　　　图 8.36　对弧线进行镜像

(19) 对会议桌面进行图案填充。

操作提示：填充图案选择按设计材质效果确定。

操作命令：ZOOM、HATCH、SAVE 等。

操作参考：如图 8.37 所示。

图 8.37　对会议桌面进行图案填充

(20) 对会议桌平面图标注尺寸、说明文字等。

操作提示：完成会议桌平面图绘制。

操作命令：PLINE、LINE、TEXT、MTEXT、DIMLINEAR、SCALE、MOVE 等。

操作参考：如图 8.38 所示。

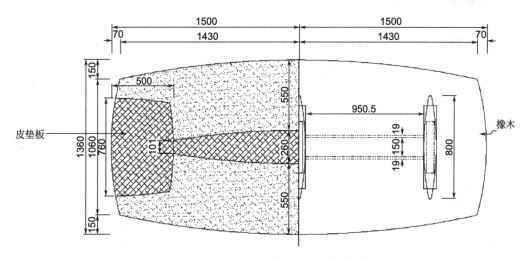

图 8.38　完成会议桌平面图绘制

8.2.2　会议桌立面图 CAD 快速绘制

（1）会议桌立面图包括正立面图、侧立面图。

操作提示：本节以会议桌的正立面图为例。侧立面图绘制方法类似。

操作命令：无。

操作参考：如图 8.39 所示。

会议桌正立面图

图 8.39　会议桌立面图

（2）绘制会议桌桌腿立面轮廓图。

操作提示：桌腿立面轮廓图呈矩形。

操作命令：RECTANG、PLINE、LINE、MOVE、OFFSET、TRIM、CHAMFER 等。

命令：RECTANG

指定第一个角点或［倒角(C)/标高(E)/圆角(F)/厚度(T)/宽度(W)］：

指定另一个角点或［面积(A)/尺寸(D)/旋转(R)］：D

指定矩形的长度 ＜0.0000＞：100

指定矩形的宽度 ＜0.0000＞：625

指定另一个角点或［面积(A)/尺寸(D)/旋转(R)］：

操作参考：如图 8.40 所示。

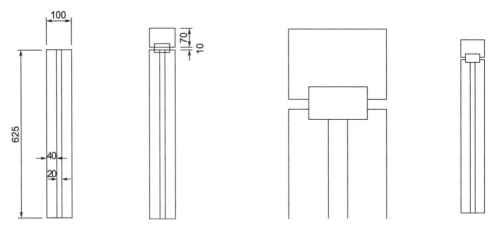

图 8.40　绘制会议桌桌腿立面轮廓　　　　　　图 8.41　会议桌桌腿线条修剪

（3）进行会议桌桌腿线条修剪。

操作提示：轮廓线条如何修剪（TRIM）按设计效果确定。

操作命令：ZOOM、TRIM、PAN 等。

操作参考：如图 8.41 所示。

（4）进行会议桌桌腿造型复制。

操作提示：桌腿间距按平面图位置大小确定。

操作命令：COPY、MOVE、ZOOM 等。

操作参考：如图 8.42 所示。

图 8.42　会议桌桌腿造型复制

（5）创建会议桌水平连接支撑及桌面轮廓线。

操作提示：通过偏移功能能得到平行线。

操作命令：LINE、PLINE、STRETCH、LENGTHEN、MOVE、OFFSET 等。

操作参考：如图 8.43 所示。

图 8.43　创建会议桌水平连接支撑

（6）会议桌桌面边缘细部处理。

操作提示：可以处理为直角、圆角等。

操作命令：LINE、TRIM、CHAMFER、FILLET、CIRCLE、MOVE、EXTEND 等。

操作参考：如图 8.44 所示。

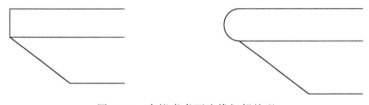

图 8.44　会议桌桌面边缘细部处理

（7）对会议桌正立面图标注尺寸、说明文字等。完成会议桌正立面图绘制。

操作提示：立面图是否填充图案根据设计要求确定。

操作命令：PLINE、LINE、TEXT、MTEXT、DIMLINEAR、SCALE、MOVE 等。

操作参考：如图 8.45 所示。

图 8.45　完成会议桌正立面图

（8）会议桌侧立面图绘制方法与正立面图绘制类似。

操作提示：限于篇幅，会议桌侧立面图绘制过程在此从略。

操作命令：LINE、PLINE、TRIM、OFFSET、COPY、MIRROR、DIMLINEAR 等。

操作参考：如图 8.46 所示。

图 8.46　会议桌侧立面图

第9章

古典家具设计图CAD快速绘制

古典家具可分为中式古典家具和欧式古典家具两类。中国古典家具是在生活、工作或社会实践中供人们坐、卧或支承与贮存物品的一类器具，泛指具有中国古典风格的家具种类，包括旧式家具和仿古家具、民间家具和宫廷家具、软木家具和硬木家具、漆木家具和雕刻家具。古典欧式风格是一种追求华丽、高雅的古典，其设计风格直接对欧洲建筑、家具、文学、绘画甚至音乐艺术产生了极其重大的影响。具体可以分罗马风格、哥特式风格、文艺复兴、巴洛克风格、洛可可风格、新古典主义风格。本章以常见欧式古典家具、明清家具设计图为例，介绍其CAD快速绘制方法与技巧。

需要说明一点，由于古典家具纹饰较多，特别是一些图案造型复杂多变，形态多样，并非简单的直线或圆弧线，因此在进行古典家具CAD绘制时，需要一定的绘画艺术修养和技能，并且需耐心和细心。

为便于学习家具设计CAD绘图技能，本书提供本章讲解案例实例的CAD图形（.dwg格式图形文件）供学习使用。读者连接互联网后可以到如下地址下载，图形文件仅供学习参考：

百度网盘（下载地址为：http：//pan. baidu. com/share/link? shareid＝985698298&uk＝605274645）

9.1 明清家具设计图 CAD 快速绘制

明式家具与清式家具主要根据作品的风格、形式和水平区分。一般以清代乾隆为界。明代和盛清以前大致可纳入为明式。清式则指乾隆以后直到清末民初。明式与清式相比，水平更高。明式家具之造型完美、格调典雅、装饰得体、工艺技术精良，是历史上其他时代无法比拟的。本节以如图 9.1(b) 所示明清时期的凳子设计图为例，讲解明清家具 CAD 绘制方法与技巧。

9.1.1 明清家具（凳子）平面图 CAD 快速绘制

（1）绘制明清风格凳子面的平面轮廓。

操作提示：在进行学习时可以打开本案例 CAD 图进行参照。在这里主要介绍其绘制方法，其大小按设计确定。

绳璧纹茶几　　　　　　　　圈椅　　　　　　　云头纹五开光坐墩

(a) 常见明清古典家具

图纸名称 CONTENT		设计/绘图 DESIGN BY	校对 CHECK BY	审核 AUDITING BY	日期 DATE	图号 DWG.NO

(b) 明清风格凳子设计图

图 9.1　明清家具

操作命令：CIRCLE、OFFSET 等。

操作参考：如图 9.2 所示。

图 9.2 凳子面的平面轮廓绘制

（2）将明清风格凳子面部轮廓线线型修改为虚线。

操作提示：被明清风格凳子面遮挡部分的轮廓线可以设置为虚线。

操作命令：ZOOM、LINTYPE、LTSCALE 等。

操作参考：如图 9.3 所示。

[−][俯视][二维线框]

图 9.3 线型修改为虚线

（3）勾画外侧明清风格凳子腿的平面轮廓。

操作提示：轮廓位置先绘制圆形正上、下方或左右方位置的，便于阵列创建其他位置的相同造型。

操作命令：ARC、MOVE、TRIM、EXTEND、MIRROR 等。

操作参考：如图 9.4 所示。

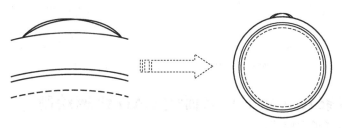

图 9.4 勾画外侧凳子腿的平面轮廓

（4）将外侧明清风格凳子腿的平面轮廓造型进行环形阵列，得到其他位置的相同造型。

操作提示：阵列数量按明清风格凳子的腿数量确定。然后对明清风格凳子面填充图案。

操作命令：ARRAY、ARRAYPOLAR、HATCH、BHATCH 等。

命令：ARRAYPOLAR

选择对象：指定对角点：找到 3 个

选择对象：

类型＝极轴　关联＝是

指定阵列的中心点或［基点(B)/旋转轴(A)］：

选择夹点以编辑阵列或［关联(AS)/基点(B)/项目(I)/项目间角度(A)/填充角度(F)/行(ROW)/层(L)/旋转项目(ROT)/退出(X)］＜退出＞：i

输入阵列中的项目数或［表达式(E)］＜6＞：5

选择夹点以编辑阵列或［关联(AS)/基点(B)/项目(I)/项目间角度(A)/填充角度(F)/行(ROW)/层(L)/旋转项目(ROT)/退出(X)］＜退出＞：

操作参考：如图 9.5 所示。

图 9.5　环形阵列得到相同造型

(5) 标注文字、尺寸等，完成明清风格凳子平面图绘制。

操作提示：标注的位置及说明按设计确定的材质及大小确定。具体材质构造及标注从略。

操作命令：TEXT、MTEXT、SCALE、MOVE、LINE、DIMLINEAR、DIMRADIUS 等。

操作参考：如图 9.6 所示。

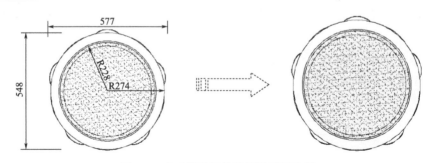

图 9.6　完成明清风格凳子平面图绘制

9.1.2　明清家具（凳子）立面图 CAD 快速绘制

(1) 明清风格凳子立面图。

操作提示：本案例为圆形的明清风格凳子造型，其立面正立面和侧立面相同。

操作命令：无。

操作参考：如图 9.7 所示。

(2) 绘制明清风格凳子底座轮廓。

操作提示：底座轮廓造型按设计绘制，本案例为圆形轮廓。

图 9.7　凳子立面图

操作命令：LINE、OFFSET、STRETCH、TRIM 等。

操作参考：如图 9.8 所示。

图 9.8　凳子底座轮廓

（3）勾画两边弧线及底部垫块轮廓。

操作提示：先绘制一侧及其中一个垫块造型，另外一侧的相同图形通过镜像快速得到。

操作命令：ARC、TRIM、MOVE、MIRROR、LINE、EXTEND、TRIM 等。

操作参考：如图 9.9 所示。

图 9.9　勾画两边弧线及底部垫块轮廓

（4）创建底座中间的构件连接轮廓造型。

操作提示：该连接轮廓造型按明清家具设计风格确定。

操作命令：PLINE、LINE、ARC、TRIM、STRETCH、MOVE、MIRROR 等。

操作参考：如图 9.10 所示。

图 9.10　创建底座中间连接轮廓

（5）绘制明清风格凳子的支撑腿轮廓造型。

操作提示：因明清风格凳子的支撑腿造型较为复杂，由不规则的各种曲线组成，因此适合利用网格逐步勾画。网格间距大小根据图形曲线形状需要确定。

操作命令：LINE、OFFSET、MOVE、LINTYPE、LTSCALE、ARC、SPLINE 等。

操作参考：如图 9.11 所示。

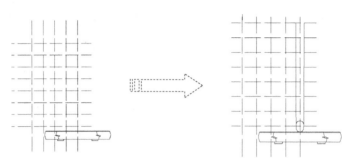

图 9.11 绘制支撑腿轮廓

（6）按明清风格凳子支撑腿的曲线造型，依次在网格上逐步勾画。

操作提示：绘制曲线造型的功能命令可以使用 ARC、SPLINE 等。对称一侧使用镜像得到。

操作命令：ARC、SPLINE、MOVE、ROTATE、TRIM、COPY、MIRROR 等。

操作参考：如图 9.12 所示。

图 9.12 逐步勾画支撑腿曲线造型

（7）勾画明清风格凳子腿上部造型轮廓。

操作提示：曲线造型的走向按设计确定的纹饰在网格上逐步绘制。

操作命令：SPLINE、ARC、TRIM、EXTEND、MIRROR、ROTATE、STRETCH、LINE、TRIM、CHAMFER、OFFSET 等。

操作参考：如图 9.13 所示。

（8）明清风格凳子面轮廓绘制。

操作提示：此部分是明清风格凳子最为简单的造型，使用 LINE、ARC 等可以完成。

操作命令：LINE、ARC、MIRROR、OFFSET、TRIM 等。

图 9.13　勾画凳子腿上部造型

操作参考：如图 9.14 所示。

图 9.14　凳子面轮廓绘制

（9）填充图案，标注相关说明文字及尺寸。

操作提示：完成明清风格凳子立面图绘制。

操作命令：HATCH 、TEXT、MTEXT、SCALE、ROTATE 、DIMLINEAR、SAVE 等。

操作参考：如图 9.15 所示。

图 9.15　完成凳子立面图绘制

9.2　欧式家具设计图 CAD 快速绘制

本节讲述如图 9.16 所示某欧式家具（桃花心木椅，1790 年法国路易十六时期）的设计图 CAD 绘制方法与技巧。

(a) 欧式木椅家具立面图   (b) 欧式木椅家具侧面图   (c) 欧式木椅家具平面图

图 9.16 某欧式桃花心木椅家具设计图

9.2.1 欧式家具（椅子）平面图 CAD 快速绘制

（1）欧式风格椅子平面图。

操作提示：欧式风格椅子大小按设计。

操作命令：无。

操作参考：如图 9.17 所示。

图 9.17 欧式风格椅子平面图

（2）该椅子左右对称。

操作提示：可以先绘制一半，另外一半通过进行镜像快速得到。

操作命令：无。

操作参考：如图 9.18 所示。

（3）由于椅子造型是多种曲线构成，因此建议使用网格定位进行绘制。

操作提示：网格间距大小根据设计需要自行确定，并将网格线型修改为虚线。

操作命令：LINE、STRETCH、OFFSET、COPY、LINTYPE、LTSCALE 等。

操作参考：如图 9.19 所示。

图 9.18　绘制椅子一半

（4）勾画椅子前侧轮廓。

操作提示：轮廓的曲线造型可以使用 ARC、SPLINE 绘制。

操作命令：ARC、SPLINE、MOVE、ROTATE、TRIM 等。

操作参考：如图 9.20 所示。

图 9.19　使用网格进行定位绘制

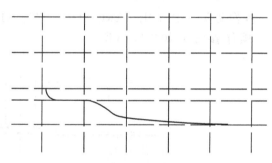

图 9.20　勾画椅子前侧轮廓

（5）创建左侧椅子轮廓线。

操作提示：轮廓线走向按设计需要。

操作命令：ARC、SPLINE、MOVE、ROTATE 、TRIM、LINE、OFFSET、STRETCH、FILLET、CHAMFER 等。

操作参考：如图 9.21 所示。

图 9.21　创建左侧椅子轮廓线

（6）绘制椅子靠背平面图的造型轮廓。

操作提示：对多个相同排列的图形，可以先进行复制，然后对间距不同的使用 STRECH 进行调整即可。

操作命令：PLINE、LINE、STRETCH、COPY、MOVE、TRIM、SPLINE、ARC 等。

操作参考：如图 9.22 所示。

图 9.22　绘制椅子靠背平面图造型

（7）勾画椅子靠背平面图内侧的造型线条。

操作提示：线条走向绘制有一定的随机性，根据设计效果绘制，连接过渡要光滑。

操作命令：SPLINE、ARC、OFFSET、STRETCH、TRIM 等。

操作参考：如图 9.23 所示。

图 9.23　勾画椅子靠背内侧线条

（8）椅子靠背平面图内部更复杂的线条轮廓绘制。

操作提示：有时可以通过填充得到某些需要的图案。

操作命令：SPLINE、ARC、OFFSET、STRETCH、TRIM、HATCH 等。

操作参考：如图 9.24 所示。

图 9.24　内部更复杂的线条轮廓绘制

（9）进行镜像，得到另外一半椅子轮廓。

操作提示：选择全部图形进行镜像。

操作命令：MIRROR、ZOOM 等。

操作参考：如图 9.25 所示。

图 9.25　镜像得到另外一半椅子轮廓

（10）对欧式椅子椅面填充图案，标注文字、尺寸等。

操作提示：完成欧式椅子平面图绘制。

操作命令：HATCH、TEXT、MTEXT、DIMLINEAR、DIMSTYLE 等。

操作参考：如图 9.26 所示。

图 9.26　完成欧式椅子平面图绘制

9.2.2　欧式家具（椅子）立面图 CAD 快速绘制

（1）欧式家具（椅子）立面图。

操作提示：欧式家具（椅子）立面图包括正立面、侧立面。下面以侧立面图为例进行讲解。

操作命令：无。

操作参考：如图 9.27 所示。

（2）从椅子的腿部开始绘制。

操作提示：先绘制左侧椅子腿下部造型轮廓。

操作命令：LINE、ROTATE、MOVE、TRIM、CHAMFER、FILLET、EXTEND、LENGTHEN、MIRROR 等。

(a) 欧式木椅家具立面图

(b) 欧式木椅家具侧面图

图 9.27　欧式家具（椅子）立面图

操作参考：如图 9.28 所示。

（3）绘制椅子腿上部造型。

操作提示：椅子腿上部造型近似正方形。

操作命令：RECTANG、LINE、PLINE、OFFSET、TRIM、CHAMFER 等。

操作参考：如图 9.29 所示。

图 9.28　绘制左侧椅子腿下部造型

图 9.29　绘制椅子腿上部造型

（4）勾画椅子腿的内侧轮廓造型。

操作提示：对称的一侧通过镜像得到。圆弧造型使用 FILLET 进行倒圆角得到。

操作命令：LINE、STRETCH、FILLET、ARC、MIRROR、TRIM、MOVE 等。

操作参考：如图 9.30 所示。

（5）在椅子腿上部绘制同心圆及叶状造型轮廓。

操作提示：叶状造型建议在圆形的象限点位置绘制，便于进行阵列操作。

操作命令：CIRCLE、OFFSET、ARC、MIRROR、MOVE、TRIM、SAVE 等。

操作参考：如图 9.31 所示。

图 9.30　勾画椅子腿的内侧轮廓

图 9.31　绘制同心圆及叶状造型

（6）对叶状造型轮廓进行环形阵列。

操作提示：阵列后产生的图形要修剪需先进行分解（EXPLODE）。

操作命令：ZOOM、PAN、ARRAY、ARRAYPOLAR、EXPLODE 等。

命令：ARRAYPOLAR

选择对象：指定对角点：找到两个

选择对象：

类型＝极轴　关联＝是

指定阵列的中心点或［基点(B)/旋转轴(A)］：

选择夹点以编辑阵列或［关联(AS)/基点(B)/项目(I)/项目间角度(A)/填充角度(F)/行
(ROW)/层(L)/旋转项目(ROT)/退出(X)］＜退出＞：F

指定填充角度(＋＝逆时针、－＝顺时针)或［表达式(EX)］＜360＞：360

选择夹点以编辑阵列或［关联(AS)/基点(B)/项目(I)/项目间角度(A)/填充角度(F)/行
(ROW)/层(L)/旋转项目(ROT)/退出(X)］＜退出＞：I

输入阵列中的项目数或［表达式(E)］＜6＞：16

选择夹点以编辑阵列或［关联(AS)/基点(B)/项目(I)/项目间角度(A)/填充角度(F)/行
(ROW)/层(L)/旋转项目(ROT)/退出(X)］＜退出＞：

操作参考：如图 9.32 所示。

图 9.32　对叶状造型轮廓进行环形阵列

（7）对阵列得到的图形进行修剪。

操作提示：按层次进行修剪。

操作命令：TRIM、ZOOM、SAVE 等。

命令：TRIM

当前设置：投影＝UCS,边＝无

选择剪切边...

选择对象或＜全部选择＞： 指定对角点：找到 2 个

选择对象：指定对角点：找到 2 个,总计 4 个

选择对象：指定对角点：找到 2 个,总计 6 个

选择对象：

选择要修剪的对象,或按住 Shift 键选择要延伸的对象,或

[栏选(F)/窗交(C)/投影(P)/边(E)/删除(R)/放弃(U)]：

选择要修剪的对象,或按住 Shift 键选择要延伸的对象,或

[栏选(F)/窗交(C)/投影(P)/边(E)/删除(R)/放弃(U)]：

操作参考：如图 9.33 所示。

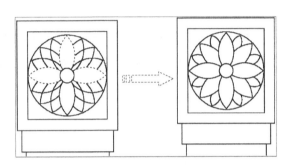

图 9.33　对阵列得到的图形进行修剪

（8）按前述方法进行左侧椅子腿造型绘制。

操作提示：通过复制，然后使用 STRETCH 进行拉伸，可以得到倾斜的椅子腿造型。此方法可能还要对图形进行细部修改调整。

操作命令：LINE、STRETCH、COPY、TRIM、CHAMFER、MIRROR、MOVE、PAN 等。

操作参考：如图 9.34 所示。

图 9.34　左侧椅子腿造型绘制

（9）创建连接前后椅子腿的支撑轮廓。

操作提示：轮廓线中多个小矩形，其平行线可以通过偏移（OFFSET）功能快速得到。

操作命令：LINE、TRIM、STRETCH、EXTEND、OFFSET、CHAMFER、MOVE 等。

操作参考：如图 9.35 所示。

图 9.35　连接前后椅子腿的支撑轮廓

（10）创建小圆链装饰造型。

操作提示：先绘制一个小圆形，然后结合捕捉功能进行复制即可。

操作命令：CIRCLE、COPY、MOVE 等。

操作参考：如图 9.36 所示。

图 9.36　创建小圆链装饰

（11）勾画椅子坐垫板轮廓线。

操作提示：坐垫板轮廓线为多段弧线构成。

操作命令：ARC、SPLINE、TRIM、LINE 等。

操作参考：如图 9.37 所示。

图 9.37　勾画椅子坐垫板轮廓

（12）椅子靠背轮廓线绘制。

操作提示：倾斜的线条通过旋转一定角度得到。

操作命令：LINE、LENGTHEN、EXTEND、TRIM、STRETCH、OFFSET、RO-TATE、MOVE 等。

操作参考：如图 9.38 所示。

图 9.38　椅子靠背轮廓线绘制

（13）完成椅子轮廓线绘制，进行文字、尺寸等标注。

操作提示：文字内容根据椅子材质确定。

操作命令：TEXT、SCALE、MOVE、DIMLINEAR、LINE、MTEXT 等。

操作参考：如图 9.39 所示。

图 9.39　进行文字、尺寸等标注

（14）插入图框，完成欧式椅子家具设计绘图工作。

操作提示：图框按设计单位固定样式的图框绘制。

操作命令：INSERT、COPYCLIP、PASTECLIP、MOVE、SCALE 等。

操作参考：如图 9.40 所示。

欧式木椅家具立面图

欧式木椅家具侧面图

欧式木椅家具平面图

图纸名称 CONTENT		设计/绘图 DESIGN BY	校对 CHECK BY	审核 AUDITING BY	日期 DATE	图号 DWG.NO

图 9.40　完成欧式椅子家具设计绘图

第10章

家具设计轴测图CAD快速绘制基本方法

本章详细介绍家具设计中轴测图 CAD 快速绘制基本方法。轴测图能反映物体的三维形状和二维图形，具有较强的立体感，可帮助人们更快捷更清楚地认识家具设计施工构造。绘制一个家具的轴测图实际是在二维平面图中完成的，因此相对三维图形操作更简单，但具有三维视觉效果。

为便于学习提高 CAD 绘图技能，本书通过互联网相关平台提供本章家具设计绘制实例的 CAD 图形（dwg 格式图形文件），读者连接互联网后登录到如下地址进行案例图形 CAD 文件下载。本案例图形文件仅供学习 CAD 参考。

百度网盘（下载地址为：https：//pan.baidu.com/s/1waWjZCjx2kFaaHWWSkYwAw，其中"1waWjZC"中的"1"为数字）

10.1　家具设计轴测图 CAD 绘制基本知识

轴测图是指将物体对象连同确定物体对象位置的坐标系，沿不平行于任一坐标面的方向，用平行投影法投射到单一投影面上所得到的图形。轴测图能同时反映物体长、宽、高三个方向的尺寸，富有立体感，在许多工程领域，常作为辅助性图样。如图 10.1 为常见的一些家具设计轴测图。

图 10.1　常见家具设计轴测图示意

10.1.1 家具设计轴测图的绘图基础

轴测图分为正轴测图和斜轴测图两大类，正轴测图采用正投影法，斜轴测图采用斜投影法。正投影图特点：形体的多数表面垂直或平行于投影面（正放），用正投影法得到，缺乏立体感，如图 10.2(a) 所示。斜轴测图特点：不改变物体与投影面的相对位置（物体正放），用斜投影法作出物体的投影，如图 10.2(b) 所示。工程上常用正等测图和斜二测轴测图，如图 10.2(c) 所示。

当物体上的三根直角坐标轴与轴测投影面的倾角相等时，用正投影法所得到的图形，称为正等轴测图，简称正等测。正等轴测图中的三个轴间角相等，都是120°，其中 Z 轴规定画成铅垂方向。正等轴测图的坐标轴，简称轴测轴，如图 10.2(d) 所示。

(a) 正投影图

(b) 斜轴测图

正等测轴测图 斜二测轴测图

(c) 正等测图和斜二测图

(d) 正等轴测图的轴间角

图 10.2　轴测图分类

10.1.2 家具设计轴测图的基本绘制方法

绘制平面立体轴测图的方法，有坐标法、切割法和叠加法三种。

10.1.2.1 坐标法

坐标法是绘制轴测图的基本方法。根据立体表面上各顶点的坐标，分别画出它们的轴测投影，然后依次连接立体表面的轮廓线。例如，根据三视图，画四棱柱的正等轴测图步骤如下，如图 10.3 所示。

① 在两面视图中，画出坐标轴的投影；

② 画出正等测的轴测轴，$\angle X_1O_1Y_1 = \angle X_1O_1Z_1 = \angle Y_1O_1Z_1 = 120°$；

③ 量取 $O_12 = O2$，$O_14 = O4$；

④ 分别过 2、4 作 O_1Y_1、O_1X_1 的平行线，完成底面投影；

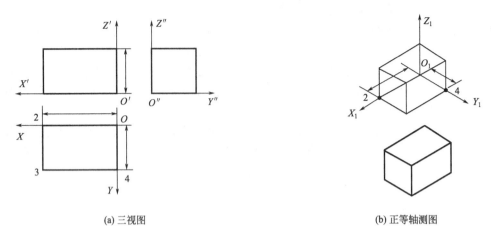

(a) 三视图   (b) 正等轴测图

图 10.3　坐标法绘制轴测图

⑤ 过底面各顶点作 O_1Z_1 轴的平行线，长度为四棱柱高度；

⑥ 依次连接各顶点，完成正等测图。

需要注意的是，不可见的虚线可不画出。

10.1.2.2　切割法

有的形体可看成是由基本体截断、开槽、穿孔等变化而成的。画这类形体的轴测图时，可先画出完整的基本体轴测图，然后切去多余部分。例如，已知三视图 ［图 10.4(a)］，画形体的正等轴测图。从投影图可知，该立体是在长方形箱体的基础上，逐步切去左上方的四棱柱、右前方的三棱柱和左下端四棱柱（方槽）后形成的。绘图时先用坐标法画出长方形箱体，然后逐步切去各个部分，绘图步骤如图 10.4 所示。

(a) 选坐标   (b) 画长方体   (c) 切去左上部四棱柱

(d) 切去右前部三棱柱   (e) 切去左端部四棱柱   (f) 整理、完成全图

图 10.4　切割法绘制轴测图

10. 1. 2. 3　叠加法

适用于叠加而形成的组合体，它依然以坐标法为基础，根据各基本体所在的坐标，分别画出各立体的轴测图。例如，已知三视图［图 10.5(a)］，绘制其轴测图。该组合体由底板Ⅰ、背板Ⅱ、右侧板Ⅲ三部分组成。利用叠加法，分别画出这三部分的轴测投影，擦去看不见的图线，即得该组合体的轴测图，绘制步骤如下，如图 10.5 所示。

图 10.5　叠加法绘制轴测图

① 在视图上定坐标，将组合体分解为三个基本形体；
② 画轴测轴，沿轴向分别量取坐标 X_1、Y_1 和 Z_1，画出形体Ⅰ；
③ 根据坐标 Z_2 和 Y_2 画形体Ⅱ；根据坐标 X_3 和 Z_3 切割形体Ⅱ；
④ 根据坐标 X_2 画形体Ⅲ；
⑤ 擦去作图线，描粗加深，得到轴测图。

10.2　家具设计轴测图 CAD 绘制基本操作方法

10.2.1　家具设计等轴测图 CAD 绘制模式设置方法

一个实体的轴测投影只有三个可见平面，为了便于绘制，应将这三个面作为画线、找点等操作的基准平面，并称它们为轴测平面，根据其位置的不同，分别称为＜等轴测平面 左视＞、＜等轴测平面 右视＞和顶轴测面。当激活轴测模式之后，就可以分别在这三个面间进行切换。如一个长方体在轴测图中的可见边与水平线夹角分别是 30°、90°和 120°，如图 10.6 所示。

图 10.6　轴测图的视图和角度

在 AutoCAD 环境中要绘制轴测图形，首先应进行激活设置才能开始绘制。选择"工具"下拉菜单中"绘图设置"菜单命令，打开"草图设置"对话框，在"捕捉和栅格"选项卡中选择"等轴测捕捉"单选项，然后单击"确定"按钮即可激活，如图 10.7 所示。

图 10.7　进行激活设置

另外，用户也可以在命令行"命令："中输入"snap"，再根据命令行的提示选择"样式（S）"选项，再选择"等轴测（I）"选项，最后输入垂直间距为 1，如图 10.7 所示。

命令：SNAP

指定捕捉间距或［开（ON）/关（OFF）/纵横向间距（A）/样式（S）/类型（T）］＜11.0000＞：S

输入捕捉栅格类型［标准（S）/等轴测（I）］＜S＞：I

指定垂直间距 ＜11.0000＞：1

用户在对三个等轴面进行切换时，可按"F5"或"Ctrl＋E"依次切换上、右、左三个面，其鼠标指针的形状如图 10.8 所示，分别为等轴测平面俯视、右视、左视。

10.2.2　家具设计等轴测图绘制模式下直线绘制方法

10.2.2.1　输入数值法绘制直线

通过坐标的方式来绘制直线时，可按以下方法来绘制。

① 与 X 轴平行的线，极坐标角度应输入 30°，如@100＜30。

② 与 Y 轴平行的线，极坐标角度应输入 150°，如@100＜150。

图 10.8　不同轴测视图中的鼠标形状

③ 与 Z 轴平行的线，极坐标角度应输入 90°，如@100＜90。

④ 所有不与轴测轴平行的线，则必须先找出直线上的两个点，然后进行连线，如图 10.9 所示。

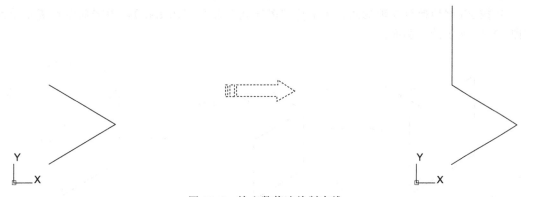

图 10.9　输入数值法绘制直线

命令：LINE

指定第一点：

指定下一点或［放弃（U）］：@100＜30

指定下一点或［放弃（U）］：@100＜150

指定下一点或［闭合（C）/放弃（U）］：@100＜90

指定下一点或［闭合（C）/放弃（U）］：

10.2.2.2　在激活轴测状态下绘制直线

在激活轴测状态下，打开"正交"模式，绘制的一个长度为 100mm 的正方体图，可通过以下方法来绘制。

① 在"工具"下拉菜单"绘图设置"对话框的"捕捉与栅格"选项卡下选择"等轴测捕捉"单选项，来激活等轴测模式，再按 F8 键启动正交模式，则当前为＜等轴测平面 左视＞。

② 执行"直线"命令（LINE），根据命令行的提示绘制如图 10.10 所示的左侧面。

■ 命令：＜等轴测平面 左视＞

■ 命令：LINE

指定第一点：

指定下一点或［放弃（U）］：100

指定下一点或［放弃（U）］：＜正交 开＞100

指定下一点或［闭合（C）/放弃（U）］：100

指定下一点或［闭合（C）/放弃（U）］：100

图 10.10　绘制左侧面

指定下一点或［闭合（C）/放弃（U）］：C

已在（2334.9826，452.6106，0.0000）创建零长度直线

③ 按 F5 键切换至顶轴测面，再执行"多段线"命令（PLINE），根据命令行提示绘制如图 10.11 所示的顶侧面。

图 10.11　绘制顶侧面

命令：＜等轴测平面 俯视＞

命令：PLINE

指定起点：

当前线宽为 0.0000

指定下一个点或［圆弧（A）/半宽（H）/长度（L）/放弃（U）/宽度（W）］：100

指定下一点或［圆弧（A）/闭合（C）/半宽（H）/长度（L）/放弃（U）/宽度（W）］：100

指定下一点或［圆弧（A）/闭合（C）/半宽（H）/长度（L）/放弃（U）/宽度（W）］：100

指定下一点或［圆弧（A）/闭合（C）/半宽（H）/长度（L）/放弃（U）/宽度（W）］：

（回车）

④ 再按 F5 键切换至＜等轴测平面 右视＞，再执行"直线"命令（LINE）或"多段线"命令（PLINE），根据命令行提示绘制如图 10.12 所示的右侧面。

命令：＜等轴测平面 右视＞

命令：LINE

指定第一点：

指定下一点或［放弃（U）］：100

指定下一点或［放弃（U）］：100

指定下一点或［闭合（C）/放弃（U）］：

图 10.12　绘制右侧面

10.2.3　家具设计等轴测图 CAD 绘制模式下圆形绘制方法

圆的轴测投影是椭圆，当圆位于不同的轴测面时，投影椭圆长、短轴的位置是不相同的。首先激活轴测图模式，再按 F5 键选定画圆的投影面，再执行"椭圆"命令（ELLIPSE），并按命令行提示选择"等轴测圆（I）"选项，指定圆心点，最后指定椭圆的半径即可。

例如，在图 10.13 所示正方体轴测图顶面绘制一个直径为 50mm 的圆的方法如下。

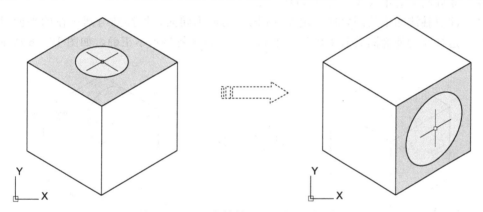

图 10.13　正方体轴测图中的圆形绘制

（1）首先按 F5 键切换至顶轴测面，如图 10.14 所示。

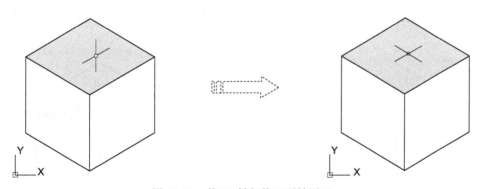

图 10.14　按 F5 键切换至顶轴测面

命令：＜等轴测平面 俯视＞

（2）再执行"椭圆"命令（ELLIPSE），在命令行中选择"等轴测圆（I）"选项；再按

F10、F11 启动相应追踪捕捉功能，捕捉对角线交叉点作为椭圆的圆心点，再输入半径为25，如图 10.15 所示。

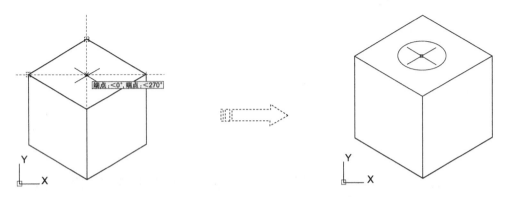

图 10.15　执行 ELLIPSE 绘制圆形轴测图

命令：ELLIPSE
指定椭圆轴的端点或 [圆弧 (A)/中心点 (C)/等轴测圆 (I)]：I
指定等轴测圆的圆心：
指定等轴测圆的半径或 [直径 (D)]：25

（3）注意轴测图中绘圆之前一定要利用 F5 切换不同面，切换到与圆所在的平面对应的轴测面，这样才能使椭圆看起来像是在轴测面内，否则将显示不正确，如图 10.16 所示。

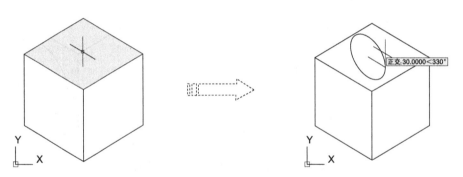

图 10.16　未切换正确的视图状态

（4）另外，使用圆形功能命令 CIRCLE 绘制轴测图中的圆形也不准确，如图 10.17 所示。

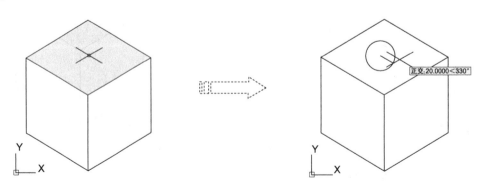

图 10.17　轴测图中使用 CIRCLE 命令

命令：CIRCLE

指定圆的圆心或 [三点（3P）/两点（2P）/切点、切点、半径（T）]：

指定圆的半径或 [直径（D）]：25

10.2.4 家具设计等轴测面内平行线 CAD 绘制方法

轴测面内绘制平行线，不能直接用"偏移"命令（OFFSET）进行，因为"偏移"命令（OFFSET）中的偏移距离是两线之间的垂直距离，而沿30°方向之间的距离却不等于垂直距离。如图 10.18 所示。

(a) 使用OFFSET得到的平行线　　　　　　(b) 使用COPY得到的平行线

图 10.18　轴测图中平行线绘制

为了避免操作出错，在轴测面内画平行线，一般采用"复制"命令（COPY）；可以结合自动捕捉、自动追踪及正交状态来作图，这样可以保证所画直线与轴测轴的方向一致。在复制轴测面中的对象时，应按 F5 键切换到相应的轴测面，并移动鼠标来指定移动的方向。如图 10.19 所示。

(a)原图　　　　　　(b) 复制的左轴测面　　　　　　(c) 复制的右轴测面

图 10.19　复制得到轴测图平行线

10.3　家具设计等轴测图文字与尺寸标注方法

10.3.1　家具设计等轴测图文字 CAD 标注方法

为了使某个轴测面中的文本看起来像是在该轴测面内，必须根据各轴测面的位置特点将文字倾斜某个角度，以使它们的外观与轴测图协调起来，否则立体感不强，如图 10.20 所示。

（1）文字倾斜角度设置：执行"格式"下拉菜单中单击"文字样式"菜单命令，弹出"文字样式"对话框，在"倾斜角度"文本框中根据轴测图的不同轴测面来分别设置不同的

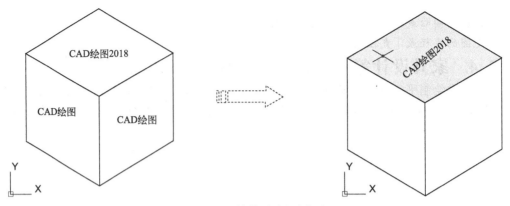

图 10.20　等轴测图文字标注

倾斜角度即可。其中倾斜角度可以为正或负值（如 30、－30 等），然后单击"应用"按钮，然后点击"置为当前"，最后关闭对话框，如图 10.21 所示。

图 10.21　设置文字的倾斜角度

（2）在等轴测面上各文字符号的倾斜规律如图 10.22 所示。文字的倾斜角度与文字的旋转角度是不同的两个概念，前者是在水平方向左倾（0°～－90°间）或右倾（0°～90°间）的角度；后者是绕以文字起点为原点进行 0°～360°间的旋转，也就是在文字所在的轴测面内旋转。

① 在＜等轴测平面 左视＞上，文字需采用－30°倾斜角，同时旋转－30°。

② 在＜等轴测平面 右视＞上，文字需采用 30°倾斜角，同时旋转 30°。

③ 在＜等轴测平面 俯视＞上，根据方向不同，文字需采用－30°倾斜角、旋转为 30°；文字采用 30°倾斜角，旋转角为－30°。如图 10.22 所示。

命令：ROTATE

UCS 当前的正角方向：ANGDIR＝逆时针　ANGBASE＝0

找到 1 个

指定基点：

指定旋转角度，或 ［复制（C）/参照（R）］＜0＞：－30

10.3.2　家具设计等轴测图尺寸 CAD 标注方法

为了让某个轴测面内的尺寸标注看起来像是在这个轴测面中，就需要将尺寸线、尺寸界线倾斜某一个角度，以使它们与相应的轴测平行。同时，标注文本也必须设置成倾斜某一角度的形式，才能使用文本的外观具有立体感。

(a) 文字需采用-30°倾斜角、旋转角为30°

(b) 文字采用30°倾斜角、旋转角为-30°

图 10.22　轴测图中文字角度设置方法

　　正等轴测图中线性尺寸的尺寸界线应平行于轴测轴［如图 10.2（d）所示］，而 AutoCAD 中用线性标注命令 DIMLINEAR 在任何图上标注的尺寸线都是水平或竖直的，所以在标注轴测图尺寸时，除竖直尺寸线外，需要用"对齐标注"命令（DIMALIGNED）。

　　为了符合视觉效果，还需要对尺寸界线和尺寸数字的方向进行调整，使尺寸线与尺寸界线不垂直，尺寸数字的方向与尺寸界线的方向一致，且尺寸数字与尺寸线、尺寸界线应在一个平面内，如图 10.23 所示。

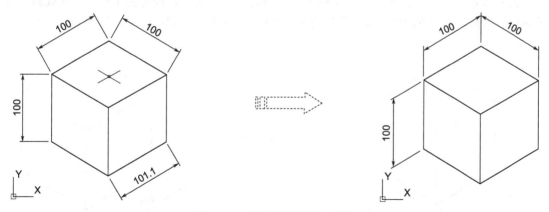

图 10.23　轴测图中的尺寸标注

　　（1）设置文字样式：在等轴测图中标注平行于轴测面的线性尺寸，尺寸的文字样式倾斜方向要求如下。

① 在 *XOY* 轴测面上，当尺寸界线平行于 *X* 轴时，文字样式倾角为 30°；当尺寸界线平行于 *Y* 轴时，文字样式倾角为 −30°。

② 在 *YOZ* 轴测面上，当尺寸界线平行于 *Y* 轴时，文字样式倾角为 30°；当尺寸界线平行于 *Z* 轴时，文字样式倾角为 −30°。

③ 在 *XOY* 轴测面上，当尺寸界线平行于 *X* 轴时，文字样式倾角为 −30°；当尺寸界线平行于 *Z* 轴时，文字样式倾角为 30°。

因此，各轴测面内的尺寸、中文字样式的倾斜分为 30°或−30°两种情况，因此，在轴测图尺寸标注前，应首先建立倾角分别为 30°或−30°两种文字样式，应用合适的文字样式控制尺寸数字的倾斜角度，就能保证尺寸线、尺寸界线和尺寸数值看起来是在一个平面内。

打开"格式"下拉菜单选择"文字样式"菜单命令，弹出"文字样式"对话框（或在"命令："输入"STYLE"功能命令）。首先新建文字样式"样式 30"，并设置字体为"gbeitc"和倾斜角度为 30；同样，再新建文字样式"样式−30"，并设置字体为"gbeitc"和倾斜角度为−30，如图 10.24 所示。然后点击"应用"、"关闭"即可。

图 10.24　建立文字样式

（2）调整尺寸界线与尺寸线的夹角：尺寸界线与尺寸线均倾斜，需要通过倾斜命令 DI-MEDIT 来完成。当尺寸界线与 *X* 轴平行时，倾斜角度为 30°；当尺寸界线与 *Y* 轴平行时，倾斜角度为−30°；当尺寸界线与 *Z* 轴平行时，倾斜角度为 90°。

操作方法是打开"标注"下拉菜单选择"倾斜"命令选项，即可将选中的尺寸倾斜需要的角度，根据轴测图方向进行尺寸角度调整、倾斜，即可得到需要的结果，如图 10.25 所示。

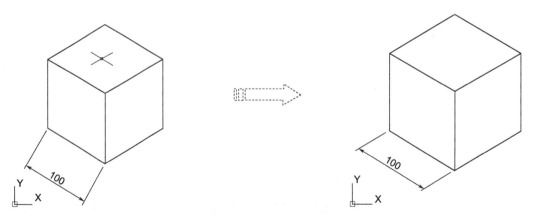

图 10.25　调整标注尺寸夹角

命令：DIMEDIT

输入标注编辑类型 [默认 (H)/新建 (N)/旋转 (R)/倾斜 (O)] <默认>：_ O

选择对象：找到 1 个

选择对象：

输入倾斜角度 (按 ENTER 表示无)：30

（3）等轴测图尺寸标注示例

① 按前述方法使用"STYLE"功能命令建立新的文字样式"样式 30"、"样式－30"。参见图 10.24。

② 先使用"对齐标注"命令进行轴测图尺寸标注。在"尺寸标注"工具栏中单击"对齐标注"按钮，对图形进行对齐标注操作，此时不必选择文字样式，如图 10.26 所示。

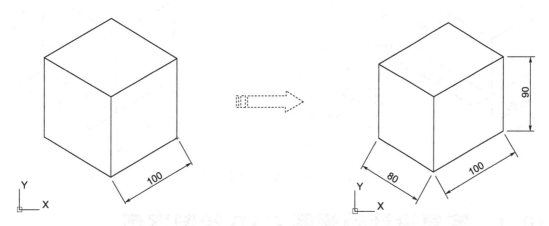

图 10.26　对齐标注

命令：DIMALIGNED

指定第一个尺寸界线原点或<选择对象>：

指定第二条尺寸界线原点：

指定尺寸线位置或 [多行文字 (M)/文字 (T)/角度 (A)]：

标注文字＝100

③ 然后倾斜尺寸。打开"标注"下拉菜单选择"倾斜"命令选项，即可将选中的尺寸倾斜需要的角度，分别将尺寸为 90 的倾斜 30°，将尺寸为 80 的倾斜 90°，将尺寸为 100 的倾斜－30°，即可得到如图 10.27 所示的结果。

图 10.27　倾斜标注尺寸

命令：DIMEDIT

输入标注编辑类型［默认（H）/新建（N）/旋转（R）/倾斜（O）］＜默认＞：_O

选择对象：找到 1 个

选择对象：

输入倾斜角度（按 ENTER 表示无）：90

④ 然后修改标注文字样式。将尺寸分别为 90、80 和 100 的标注样式中的"文字样式"修改为"样式－30"，即可完成规范的等轴测图的尺寸标注，如图 10.28 所示。

图 10.28　修改标注文字样式

10.4　家具设计轴测图 CAD 绘制案例

本节轴测图绘制案例以图 10.29 所示的某常见零件轴测图为例，讲解其 CAD 快速绘制方法。家具设计的轴测图绘制方法与此类似，掌握了其中的绘制方法与技巧，即可进行家具设计有关轴测图绘制。

图 10.29　某常见零件轴测图

（1）激活为等轴测图绘图状态，然后按 F5 键切换至＜等轴测平面 俯视＞。

操作方法：选择"工具"下拉菜单中"绘图设置"菜单命令，打开"草图设置"对话框，在"捕捉和栅格"选项卡中选择"等轴测捕捉"单选项，然后单击"确定"按钮即可激活。

操作命令：SNAP、F5 按键等。

■ 命令：SNAP

指定捕捉间距或［开（ON）/关（OFF）/纵横向间距（A）/样式（S）/类型（T）］＜11.0000＞：S

输入捕捉栅格类型［标准（S）/等轴测（I）］＜S＞：I

指定垂直间距＜11.0000＞：1

■ 命令：　＜等轴测平面 俯视＞

操作示意：图 10.30。

图 10.30　切换至＜等轴测平面 俯视＞

（2）进行零件轴测图底部矩形轮廓绘制。

操作方法：按 F8 键切换到"正交"模式，然后执行"直线"命令（LINE），绘制 80mm×50mm 的矩形对象。按"F5"键切换至＜等轴测平面 右视＞、＜等轴测平面 左视＞配合绘制。

操作命令：LINE 等。

命令：LINE

指定第一点：

指定下一点或［放弃（U）］：80

指定下一点或［放弃（U）］：50

指定下一点或［闭合（C）/放弃（U）］：80

指定下一点或［闭合（C）/放弃（U）］：C

操作示意：图 10.31。

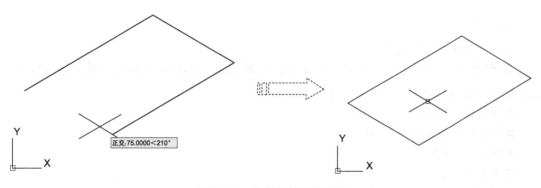

图 10.31　绘制底部矩形轮廓

（3）执行"复制"命令进行复制。

操作方法：按 F5 键切换至＜等轴测平面 右视＞，将绘制的对象垂直向上复制，复制的距离为 10mm。

操作命令：COPY 等。

■ 命令：＜等轴测平面 右视＞

■ 命令：COPY

选择对象：找到 1 个

选择对象：指定对角点：找到 2 个，总计 3 个

选择对象：找到 1 个，总计 4 个

选择对象：

当前设置：复制模式＝多个

指定基点或 ［位移（D）/模式（O）］＜位移＞：

指定第二个点或 ［阵列（A）］＜使用第一个点作为位移＞：10

指定第二个点或 ［阵列（A）/退出（E）/放弃（U）］＜退出＞：

操作示意：图 10.32。

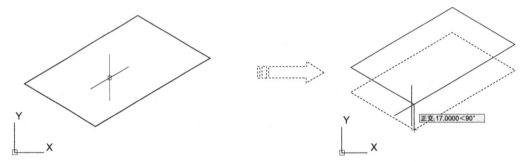

图 10.32　复制矩形

（4）对上下图形轮廓进行连接。

操作方法：执行"直线"命令连接直线段，从而绘制长方体对象。

操作命令：LINE 等。

命令：LINE

指定第一点：

指定下一点或 ［放弃（U）］：

指定下一点或 ［放弃（U）］：（回车）

操作示意：图 10.33。

（5）绘制小长方体轮廓。

操作方法：按 F5 键切换至＜等轴测平面 俯视＞，然后按与前述大长方体同样的方法，绘制 30mm×80mm×5mm 的小长方体对象。

操作命令：LINE、COPY 等。

■ 命令：＜等轴测平面 俯视＞

■ 命令：LINE

指定第一点：

指定下一点或 ［放弃（U）］：80

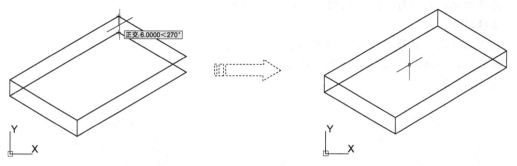

图 10.33　对上下图形轮廓进行连接

指定下一点或 ［放弃 （U）］：30

指定下一点或 ［闭合 （C）/放弃 （U）］：80

指定下一点或 ［闭合 （C）/放弃 （U）］：C

■ 命令：COPY

选择对象：找到 1 个

选择对象：指定对角点：找到 2 个，总计 3 个

选择对象：找到 1 个，总计 4 个

选择对象：

当前设置：　复制模式＝多个

指定基点或 ［位移 （D）/模式 （O）］＜位移＞：

指定第二个点或 ［阵列 （A）］＜使用第一个点作为位移＞：5

指定第二个点或 ［阵列 （A）/退出 （E）/放弃 （U）］＜退出＞：

操作示意：图 10.34。

图 10.34　绘制小长方体轮廓

（6）执行"移动"命令，将绘制的小方长体移至大长方体相应的中点位置。

操作方法：按 F3 键启动捕捉功能，选择小长方体的端部底边轮廓线中心点作为移动基点，然后选择大长方体端部顶边轮廓线中心点作为移动第二个点。同时结合 F8 按键进行操作。

操作命令：MOVE 等。

命令：MOVE

选择对象：找到 1 个

选择对象：指定对角点：找到 8 个，总计 11 个

选择对象：指定对角点：找到 1 个，总计 12 个

选择对象：

指定基点或［位移（D）］＜位移＞：

指定第二个点或＜使用第一个点作为位移＞：＜正交 关＞

操作示意：图 10.35。

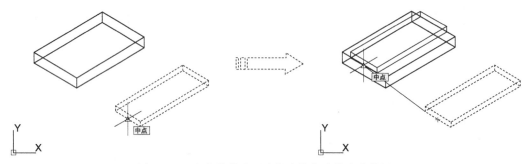

图 10.35 小方长体移至大长方体相应的中点位置

（7）进行长方体线条修剪及删除。

操作方法：根据效果执行"修剪"命令，将多余的线段进行修剪。

操作命令：TRIM、ERASE 等。

命令：TRIM

当前设置：投影＝UCS，边＝无

选择剪切边...

选择对象或＜全部选择＞：找到 1 个

选择对象：找到 1 个，总计 2 个

选择对象：

选择要修剪的对象，或按住 Shift 键选择要延伸的对象，或［栏选（F）/窗交（C）/投影（P）/边（E）/删除（R）/放弃（U）］：指定对角点：

选择要修剪的对象，或按住 Shift 键选择要延伸的对象，或［栏选（F）/窗交（C）/投影（P）/边（E）/删除（R）/放弃（U）］：

操作示意：图 10.36。

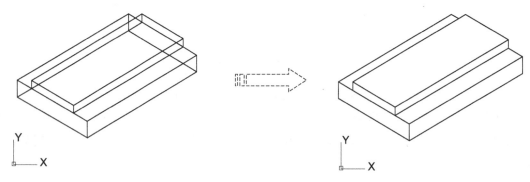

图 10.36 进行长方体线条修剪及删除

（8）结合捕捉功能绘制辅助线。

操作方法：按 F5 键切换至＜等轴测平面 俯视＞，执行"直线"命令，过相应中点绘

制辅助中心线，再执行"复制"命令，将指定直线段水平向右复制10mm和15mm。可以将其复制的直线段线型转换为点划线线型作为"中心线"对象。

操作命令：LINE、COPY等。

命令：COPY

选择对象：找到1个

选择对象：

当前设置：复制模式＝多个

指定基点或［位移（D）/模式（O）］＜位移＞：

指定第二个点或［阵列（A）］＜使用第一个点作为位移＞：111.5

指定第二个点或［阵列（A）/退出（E）/放弃（U）］＜退出＞：311.5

指定第二个点或［阵列（A）/退出（E）/放弃（U）］＜退出＞：

操作示意：图10.37。

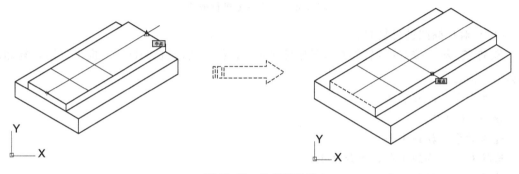

图10.37　绘制辅助线

（9）绘制轴测图中的两个小圆形。

操作方法：执行"椭圆"命令，根据命令行提示选择"等轴测圆（I）"选项，分别指定中心线的交点作为圆心点，并输入圆的半径值11.5mm；再执行直线等命令，连接相应的交点。

操作命令：ELLIPSE、LINE等。

命令：ELLIPSE

指定椭圆轴的端点或［圆弧（A）/中心点（C）/等轴测圆（I）］：I

指定等轴测圆的圆心：

指定等轴测圆的半径或［直径（D）］：11.5

操作示意：图10.38。

图10.38　绘制轴测图中的两个小圆形

（10）对小圆形进行剪切。

操作方法：通过修剪操作，形成长椭圆效果。

操作命令：TRIM 等。

操作示意：图 10.39。

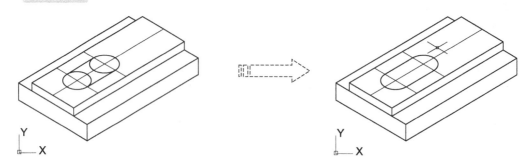

图 10.39　对小圆形进行剪切

（11）对长椭圆进行复制。

操作方法：按 F5 键转换至＜等轴测平面 右视＞，将该长椭圆垂直向下复制，复制的距离为 5mm。

操作命令：COPY 等。

命令：COPY

选择对象：找到 1 个

选择对象：找到 1 个，总计 2 个

选择对象：找到 1 个，总计 3 个

选择对象：找到 1 个，总计 4 个

选择对象：

当前设置：复制模式＝多个

指定基点或 ［位移（D）/模式（O）］＜位移＞：

指定第二个点或 ［阵列（A）］＜使用第一个点作为位移＞:5

指定第二个点或 ［阵列（A）/退出（E）/放弃（U）］＜退出＞：

操作示意：图 10.40。

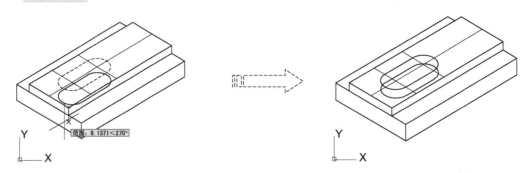

图 10.40　对长椭圆进行复制

（12）对复制的长椭圆进行修剪。

操作方法：执行修剪、删除等命令，将多余的对象进行修剪、删除，从而形成键槽效果。

操作命令：TRIM、ERASE 等。

操作示意：图 10.41。

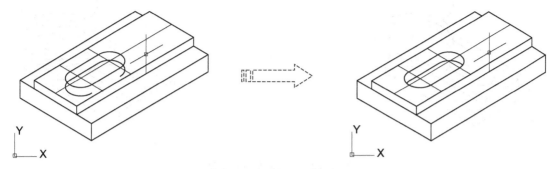

图 10.41　对复制的长椭圆进行修剪

（13）绘制零件轴测图中的大圆形轮廓。

操作方法：按 F5 键切换至＜等轴测平面 俯视＞，先复制底边轮廓线作为辅助线。执行"椭圆"命令，根据命令行提示选择"等轴测圆（I）"选项，分别指定中心线的交点作为圆心点，以及输入圆的半径值为 25mm。

操作命令：COPY、ELLIPSE 等。

操作示意：图 10.42。

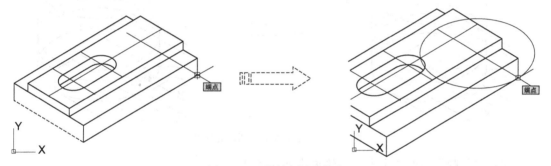

图 10.42　绘制大圆形轮廓

（14）对大圆形进行复制。

操作方法：执行复制命令，按 F5 键转换至＜等轴测平面 右视＞，将该等轴测圆对象垂直向上复制，复制的距离分别为 10mm、15mm 和 40mm。

操作命令：COPY 等。

命令：COPY

选择对象：找到 1 个

选择对象：

当前设置：复制模式＝多个

指定基点或 ［位移（D）/模式（O）］＜位移＞：

指定第二个点或 ［阵列（A）］＜使用第一个点作为位移＞:10

指定第二个点或 ［阵列（A）/退出（E）/放弃（U）］＜退出＞:＜正交 开＞15

指定第二个点或 ［阵列（A）/退出（E）/放弃（U）］＜退出＞:40

指定第二个点或 ［阵列（A）/退出（E）/放弃（U）］＜退出＞:

操作示意：图 10.43。

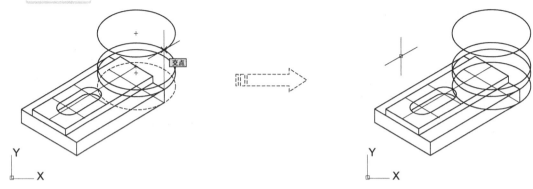

图 10.43　对大圆形进行复制

（15）连接复制得到的各个大圆形轮廓线。

操作方法：捕捉象限点进行绘制。

操作命令：LINE 等。

操作示意：图 10.44。

图 10.44　连接各个大圆形轮廓线

（16）对复制得到的各个大圆形轮廓线进行修剪。

操作方法：执行"修剪"命令，将多余的圆弧和直线段进行修剪，并删除多余线条。注意中间两个大圆形要连接部分短轮廓线。

操作命令：TRIM、ERASE、LINE 等。

操作示意：图 10.45。

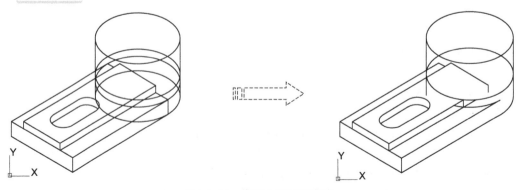

图 10.45　修剪大圆形轮廓线

（17）继续进行修剪，直至完成。

操作方法：注意各个轮廓线的关系。

操作命令：TRIM、LINE 等。

操作示意：图 10.46。

图 10.46　继续进行修剪

（18）在轴测图中创建大圆形中间的中圆形轮廓。

操作方法：按"F5"键转换至＜等轴测平面 俯视＞。执行"椭圆"命令，根据命令行提示选择"等轴测圆（I）"选项，捕捉指定大圆形的圆心位置作为圆心点，以及输入圆的半径值为 15mm。

操作命令：ELLIPS 等。

命令：ELLIPSE

指定椭圆轴的端点或 ［圆弧（A）/中心点（C）/等轴测圆（I）］：I

指定等轴测圆的圆心：

指定等轴测圆的半径或 ［直径（D）］：15

操作示意：图 10.47。

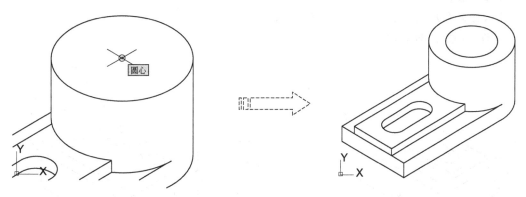

图 10.47　创建大圆形中间的中圆形轮廓

（19）完成零件的轴测图绘制。

操作方法：保存图形。

操作命令：ZOOM、SAVE 等。

操作示意：图 10.48。

图 10.48　完成零件的轴测图绘制

（20）进行零件轴测图尺寸及文字标注。

操作方法：轴测图的尺寸、文字标注方法参见前述内容，限于篇幅，具体标注操作过程在此从略。其他轴测图绘制方法类似，按前述方法练习绘制其他零件轴测图。

操作命令：DIMALIGNED、DIMEDIT、MTEXT、PLINE 等。

■ 命令：DIMALIGNED

指定第一个尺寸界线原点或＜选择对象＞：

指定第二条尺寸界线原点：

创建了无关联的标注。

指定尺寸线位置或

［多行文字（M）/文字（T）/角度（A）］：

标注文字＝50

■ 命令：DIMEDIT

输入标注编辑类型［默认（H）/新建（N）/旋转（R）/倾斜（O）］＜默认＞：_ O

选择对象：找到 1 个

选择对象：

输入倾斜角度（按 ENTER 表示无）：90

操作示意：图 10.49。

图 10.49　零件轴测图尺寸及文字标注

第11章

家具设计CAD图打印与转换输出

家具设计各种 CAD 图形绘制完成后，需要打印输出，即打印成图纸供使用。此外，CAD 图形还可以输出为其他格式电子数据文件（如 PDF 格式文件、JPG 和 BMP 格式图像文件等），供 WORD 文档使用，方便规划方案编制，实现 CAD 图形与 WORD 文档互通共享。

11.1 家具设计 CAD 图形打印

家具设计 CAD 图纸打印是指利用打印机或绘图仪，将图形打印到图纸上。

11.1.1 家具设计 CAD 图形打印设置

CAD 图形打印设置，通过"打印－模型"或"打印－布局＊＊"对话框进行。启动该对话框有如下几种方法：

- 打开【文件】下拉菜单，选择【打印】命令选项。
- 在"标准"工具栏上单击"打印"命令图标🖶。
- 在"命令："命令行提示下直接输入 PLOT 命令
- 使用命令按键，即同时按下【Ctrl】和"P"键。
- 使用快捷菜单命令，即在"模型"选项卡或布局选项卡上单击鼠标右键，在弹出的菜单中单击"打印"，如图 11.1 所示。

图 11.1　使用快捷菜单打印

图 11.2　打印对话框

图 11.3　打印对话框全图

执行上述操作后，AutoCAD 将弹出"打印－模型"或"打印－布局＊＊"对话框，如图 11.2 所示。若单击对话框右下角的"更多选项"按钮，可以在"打印"对话框中显示更多选项，如图 11.3 所示。

打印对话框各个选项的功能含义和设置方法如下所述。

11.1.1.1　页面设置

"页面设置"对话框的标题显示了当前布局的名称。列出图形中已命名或已保存的页面设置；可以将图形中保存的命名页面设置作为当前页面设置，也可以在"打印"对话框中单击"添加"，基于当前设置创建一个新的命名页面设置。

若使用与前一次打印方法相同（包括打印机名称、图幅大小、比例等），可以选择"上一次打印"或选择"输入"在文件夹中选择保存的图形页面设置，如图 11.4 所示；也可以添加新的页面设置，如图 11.5 所示。

图 11.4　选择"上一次打印"

图 11.5　添加新的页面设置

11.1.1.2　打印机／绘图仪

在 AutoCAD 中，非系统设备称为绘图仪，Windows 系统设备称为打印机。

该选项是指定打印布局时使用已配置的打印设备。如果选定绘图仪不支持布局中选定的图纸尺寸，将显示警告，用户可以选择绘图仪的默认图纸尺寸或自定义图纸尺寸。打开下拉列表，其中列出可用的 PC3 文件或系统打印机，可以从中进行选择，以打印当前布局。设备名称前面的图标识别其为 PC3 文件还是系统打印机，如图 11.6 所示。PC3 文件是指 AutoCAD 将有关介质和打印设备的信息存储在配置的打印文件（PC3）中的文件类型。

图 11.6　选择打印机类型

图 11.7　打印机特性对话框

右侧"特性"按钮，是显示绘图仪配置编辑器（PC3 编辑器），从中可以查看或修改当前绘图仪的配置、端口、设备和介质设置，如图 11.7 所示。如果使用"绘图仪配置编辑器"更改 PC3 文件，将显示"修改打印机配置文件"对话框。

11.1.1.3 打印到文件

打印输出到文件而不是绘图仪或打印机。打印文件的默认位置是在"选项"对话框→"打印和发布"选项卡→"打印到文件操作的默认位置"中指定的。如果"打印到文件"选项已打开,单击"打印"对话框中的"确定"将显示"打印到文件"对话框(标准文件浏览对话框),文件类型为"*.plt"格式文件,如图11.8所示。

11.1.1.4 局部预览

在对话框约中间位置,局部预览是精确显示相对于图纸尺寸和可打印区域的有效打印区域,提示显示图纸尺寸和可打印区域,如图11.9左侧图所示。若图形比例大,打印边界超出图纸范围,局部预览将显示红线,如图11.9右侧图所示。

图 11.8 打印到文件

图 11.9 局部预览功能

11.1.1.5 图纸尺寸

显示所选打印设备可用的标准图纸尺寸,如图11.10所示。如果未选择绘图仪,将显示全部标准图纸尺寸的列表以供选择。如果所选绘图仪不支持布局中选定的图纸尺寸,将显示警告,用户可以选择绘图仪的默认图纸尺寸或自定义图纸尺寸。页面的实际可打印区域(取决于所选打印设备和图纸尺寸)在布局中由虚线表示;如果打印的是光栅图像(如 BMP 或 TIFF 文件),打印区域大小的指定将以像素为单位而不是英寸或毫米。

图 11.10 选择打印图纸尺寸

11.1.1.6 打印区域

指定要打印的图形部分。在"打印范围"下,可以选择要打印的图形区域。

(1)布局/图形界限 打印布局时,将打印指定图纸尺寸的可打印区域内的所有内容,其原点从布局中的 0,0 点计算得出。从"模型"选项卡打印时,将打印栅格界限定义的整个图形区域。如果当前视口不显示平面视图,该选项与"范围"选项效果相同。

(2)范围 打印包含对象图形的部分当前空间。当前空间内的所有几何图形都将被打印。打印之前，可能会重新生成图形以重新计算范围。

（3）显示　显示打印选定的"模型"选项卡当前视图中的视图或布局中的当前图纸空间视图。

（4）视图　打印先前通过 VIEW 命令保存的视图，可以从列表中选择命名视图。如果图形中没有已保存的视图，此选项不可用。选中"视图"选项后，将显示"视图"列表，列出当前图形中保存的命名视图，可以从此列表中选择视图进行打印。

（5）窗口　打印指定的图形部分。如果选择"窗口"，"窗口"按钮将称为可用按钮。单击"窗口"按钮以使用定点设备指定要打印区域的两个角点，或输入坐标值。这种方式最为常用，如图 11.11 所示。

图 11.11　窗口选择打印范围

11.1.1.7　打印份数

指定要打印的份数，从 1 份至多份，份数无限制。若是打印到文件时，此选项不可用。

11.1.1.8　打印比例

根据需要，对图形打印比例进行设置。一般地，在绘图时图形是以 mm（毫米）为单位，按 1：1 绘制的，即设计的图形长 1 米（1000mm），绘制时绘制 1000mm。因此，打印是可以使用任何需要的比例进行打印，包括按布满图纸范围打印、自行定义打印比例大小，如图 11.12 所示。

(a) 按布满图纸范围打印

(b) 自行定义打印比例大小

图 11.12　打印比例设置

11.1.1.9　打印偏移

根据"指定打印偏移时相对于"选项（"选项"对话框，"打印和发布"选项卡）中的设置，指定打印区域相对于可打印区域左下角或图纸边界的偏移。"打印"对话框的"打印偏移"区域显示了包含在括号中的指定打印偏移选项。图纸的可打印区域由所选输出设备决定，在布局中以虚线表示。修改为其他输出设备时，可能会修改可打印区域。

通过在"X 偏移"和"Y 偏移"框中输入正值或负值，可以偏移图纸上的几何图形。图纸中的绘图仪单位为英寸或毫米，如图 11.13 所示。

图 11.13　打印偏移方式

（1）居中打印　自动计算 X 偏移和 Y 偏移值，在图纸上居中打印。当"打印区域"设置为"布局"时，此选项不可用。

（2）X　相对于"打印偏移定义"选项中的设置，指定 X 方向上的打印原点。

（3）Y　相对于"打印偏移定义"选项中的设置，指定 Y 方向上的打印原点。

11.1.1.10　预览

单击对话框左下角的"预览"按钮，也可以按执行 PREVIEW 命令时，系统将在图纸上以打印的方式显示图形打印预览效果，如图 11.14 所示。要退出打印预览并返回"打印"对话框，请按 Esc 键，然后按 Enter 键，或单击鼠标右键，然后单击快捷菜单上的"退出"。

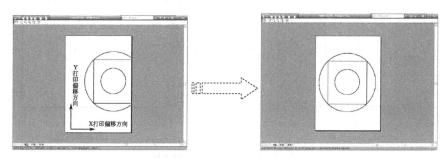

图 11.14　打印效果（预览）

11.1.1.11　其他选项简述

在其他选项中，最为常用的是"打印样式表（笔指定）"和"图形方向"。

（1）打印样式表　打印样式表（笔指定）即设置、编辑打印样式表，或者创建新的打印样式表，如图 11.15 所示。

图 11.15　打印样式表

名称（无标签）一栏显示指定给当前"模型"选项卡或布局选项卡的打印样式表，并提供当前可用的打印样式表的列表。如果选择"新建"，将显示"添加打印样式表"向导，可用来创建新的打印样式表。显示的向导取决于当前图形是处于颜色相关模式还是处于命名模式。一般地，要打印为黑白颜色的图纸，选择其中的"monochrome.ctb"即可；要按图面显示的颜色为打印，选择"无"即可。

编辑按钮显示打印样式表编辑器，从中可以查看或修改当前指定的打印样式表中的打印样式。

（2）图形方向　图形方向是为支持纵向或横向的绘图仪指定图形在图纸上的打印方向，图纸图标代表所选图纸的介质方向，字母图标代表图形在图纸上的方向，如图 11.16 所示。

图 11.16　图形方向选择

纵向放置并打印图形，使图纸的短边位于图形页面的顶部；横向放置并打印图形，使图纸的长边位于图形页面的顶部。如图 11.17 所示。

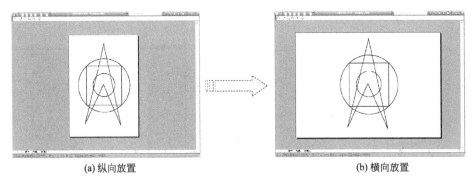

(a) 纵向放置　　　　　　　　　　　　　(b) 横向放置

图 11.17　图形方向打印效果

11.1.2　家具设计 CAD 图形打印

家具设计 CAD 图形绘制完成后，按下面方法即可通过打印机将图形打印到图纸上。

（1）先打开图形文件。

（2）启动打印功能命令，可以通过如下方式启动：

■ 单击【文件】下拉菜单，选择【打印】命令选项；

图 11.18　选择打印机

■ 单击"标准"工具栏上的"打印"图标；

■ 在命令提示下，输入 plot。

（3）在"打印"对话框的"打印机/绘图仪"下，从"名称"列表中选择一种绘图仪，如图 11.18 所示。

（4）在"图纸尺寸"下，从"图纸尺寸"框中选择图纸尺寸。并在"打印份数"下，输入要打印的份数，具体设置操作参见前一节所述。

（5）在"打印区域"下，指定图形中要打印的部分。设置打印位置（包括相 X、Y 轴方向偏移数值或居中打印）。同时注意在"打印比例"下，从"比例"框中选择缩放比例。具体设置操作参见前一节所述。

（6）有关其他选项的信息，请单击"其他选项"按钮。注意打印戳记只在打印时出现，不与图形一起保存。

①（可选）在"打印样式表（笔指定）"下，从"名称"框中选择打印样式表。

②（可选）在"着色视口选项"和"打印选项"下，选择适当的设置。

（7）在"图形方向"下，选择一种方向，具体设置操作参见前一节所述。

（8）单击"预览"进行预览打印效果，如图 11.19(a) 所示，然后单击右键，再弹出的快捷菜单中选择"打印"或"退出"，如图 11.19(b) 所示。

(a) 打印效果预览 (b) 快捷菜单打印

图 11.19 打印预览

11.2 家具设计 CAD 图形输出其他格式图形文件方法

11.2.1 CAD 图形输出为 PDF 格式图形文件

PDF 格式数据文件是指 Adobe 便携文档格式（portable document format，PDF）文件。PDF 是进行电子信息交换的标准，可以轻松分发 PDF 文件，以在 Adobe Reader 软件（注：Adobe Reader 软件可从 Adobe 网站免费下载获取）中查看和打印。此外，使用 PDF 文件的图形，不需安装 AutoCAD 软件，可以与任何人共享图形数据信息，浏览图形数据文件。

输出图形数据 PDF 格式文件方法如下。

（1）在命令提示下，输入 plot 启动打印功能。

（2）在"打印"对话框的"打印机/绘图仪"下的"名称"框中，从"名称"列表中选择"DWG to PDF. pc3"配置。可以通过指定分辨率来自定义 PDF 输出。在绘图仪配置编辑器中的"自定义特性"对话框中，可以指定矢量和光栅图像的分辨率，分辨率的范围从150dpi 到 4800dpi（最大分辨率）。如图 11.20 所示。

（3）也可以选择"Adobe PDF"打印输出为 PDF 图形文件，操作方法类似"DWG to PDF. pc3"方式（注：使用此种方法需要安装软件 Adobe Acrobat）。

（4）根据需要为 PDF 文件选择打印设置，包括图纸尺寸、比例等，具体参见前一节所述。然后单击"确定"。

图 11.20　选择 DWG to PDF.pc3 或 Adobe PDF

（5）打印区域通过"窗口"选择图形输出范围，如图 11.21 所示。

图 11.21　窗口选择图形打印输出 PDF 范围

（6）在"浏览打印文件"对话框中，选择一个位置并输入 PDF 文件的文件名，如图 11.22 所示。最后单击"保存"，即可得到 *.PDF 为后缀的 PDF 格式的图形文件。

图 11.22　输出 PDF 图形文件

11.2.2　CAD 图形输出为 JPG/BMP 格式图形文件

AutoCAD 可以将图形以非系统光栅驱动程序支持若干光栅文件格式（包括 Windows BMP、CALS、TIFF、PNG、TGA、PCX 和 JPEG）输出，其中最为常用的是 BMP 和 JPG 格式光栅文件。创建光栅文件需确保已为光栅文件输出配置了绘图仪驱动程序，即在打印机/绘图仪一栏内显示相应的名称（如选择 PublishToweb JPG.pc3），如图 11.23 所示。

图 11.23　JPG 打印设备

11.2.2.1　输出 JPG 格式光栅文件方法

（1）在命令提示下，输入 plot 启动打印功能。

（2）在"打印"对话框的"打印机/绘图仪"下，在"名称"框中，从列表中选择光栅格式配置绘图仪为"PublishToweb JPG.pc3"，如图11.23所示。

（3）根据需要为光栅文件选择打印设置，包括图纸尺寸、比例等，具体设置操作参见前一节所述。然后单击"确定"。系统可能会弹出"绘图仪配置不支持当前布局的图纸尺寸"之类的提示，此时可以选择其中任一个进行打印。例如，选择"使用自定义图纸尺寸并将其添加到绘图仪配置"，然后可以在图纸尺寸列表中选择合适的尺寸，如图11.24所示。

图11.24　自定义图纸尺寸

（4）打印区域通过"窗口"选择出JPG格式文件的图形范围，如图11.25所示。

图11.25　选择出JPG格式文件的图形范围

（5）在"浏览打印文件"对话框中，选择一个位置并输入光栅文件的文件名，然后单击"保存"，如图11.26所示。

图11.26　输出JPG格式图形文件

11.2.2.2 输出 BMP 格式光栅文件方法

（1）打开文件下拉菜单，选择输出命令选项，如图 11.27 所示。

图 11.27　选择输出　　　　　　　　　　图 11.28　选择 bmp 格式类型

（2）在"输出数据"对话框中，选择一个位置并输入光栅文件的文件名，然后在文件类型中选择"位图（＊.bmp）"，接着单击"保存"，如图 11.28 所示。

（3）然后返回图形窗口，选择输出为 bmp 格式数据文件的图形范围，最后按回车即可，如图 11.29 所示。

图 11.29　选择输出图形范围得到 bmp 文件

命令：EXPORT

选择对象或＜全部对象和视口＞：指定对角点：找到 1 个

选择对象或＜全部对象和视口＞：

11.3　家具设计 CAD 图形应用到 WORD 文档方法

本节将介绍如何将 CAD 图形应用到 WORD 文档中，轻松实现 CAD 图形的文档应用功能。

11.3.1　使用"PrtSc"按键复制应用到 WORD 中

（1）CAD 绘制完成图形后，使用 ZOOM 功能命令将要使用的图形范围放大至充满整个屏幕区域，如图 11.30 所示。

命令：ZOOM

指定窗口的角点，输入比例因子（nX 或 nXP），或者

［全部(A)/中心(C)/动态(D)/范围(E)/上一个(P)/比例(S)/窗口(W)/对象(O)］＜实时＞：W(或输入 E)

指定第一个角点：指定对角点：

图 11.30　调整图形显示范围

（2）按下键盘上的【Print Screen】按键，将当前计算机屏幕上所有显示的图形复制到WINDOWS 系统的剪贴板中。然后切换到 WORD 文档窗口中，单击右键，在快捷键上选择"粘贴"或按【Ctrl】＋V 组合键。图形图片即可复制到 WORD 文档光标位置，如图 11.31所示。

图 11.31　粘贴图形到 WORD 文档中

（3）在 WORD 文档窗口中，单击图形图片，在【格式】菜单下选择图形工具的"裁剪"，如图 11.32 所示。

（4）将光标移动至图形图片处，单击光标拖动即可进行裁剪，如图 11.33 所示。

（5）移动光标至图形图片另外边或对角处，单击光标拖动即可进行裁剪。完成图形图片

图 11.32　执行 WORD 的"裁剪"工具

图 11.33　拖动光标进行图形图片裁剪

操作，即可使用 CAD 绘制的图形。可以在 WORD 文档中将图片复制移动任意位置使用，如图 11.34 所示。

图 11.34　完成图形图片裁剪

11.3.2　通过输出 PDF 格式文件应用到 WORD 中

（1）按照本章前述方法将 CAD 绘制的图形输出为 PDF 格式文件，输出的图形文件保存在电脑某个目录下，本案例输出的图形名称为"施工洞口安全防护 Model（1）.pdf"，如图 11.35 所示。

图 11.35　将图形输出为 PDF 格式文件

（2）在电脑中找到"施工洞口安全防护 Model（1）．pdf"文件，单击选中，然后单击右键弹出快捷菜单，在快捷菜单上选择"复制"，将图形复制到 WINDOWS 系统剪贴板中，如图 11.36 所示。

图 11.36　将 PDF 图形文件复制到剪贴板中

（3）切换到 WORD 文档中，在需要插入图形的地方单击右键选择快捷菜单中的"粘贴"；或按【Ctrl】＋V 组合键。将剪贴板中的 PDF 格式图形复制到 WORD 文档中光标位置。如图 11.37 所示。

（4）注意，插入的 PDF 图形文件大小与输出文件大小有关，需要进行调整适合 WORD 文档窗口。方法是单击选中该文件，按住左键拖动光标调整其大小即可，如图 11.38 所示。

（5）此外，使用 PDF 格式文件复制，其方向需要在 CAD 输出 PDF 时调整合适方向及角度（也可以在 Acrobat pro 软件中调整），因为其不是图片 JPG/BMP 格式，PDF 格式文件插入 WORD 文档后不能裁剪和旋转，单击右键快捷菜单选择"设置对象格式"中旋转不能使用。此乃此种 CAD 图形转换应用方法的不足之处。如图 11.39 所示。

11.3.3　通过输出 JPG/BMP 格式文件应用到 WORD 中

（1）按照本章前述方法将 CAD 绘制的图形输出为 JPG 格式图片文件，输出的图形图片

图 11.37 将 PDF 图形文件粘贴到 WORD 文档中

图 11.38 调整适合 WORD 文档窗口

(a) 插入的PDF图形文件"设置对象格式"中旋转不能使用

(b) Acrobat pro软件中调整图形方向

(c) PDF文件插入WORD文档的图形方向

图 11.39 关于 PDF 格式文件的方向及裁剪

文件保存在电脑某个目录下，本案例输出的图形名称为"三四人沙发-Model.jpg"，如图11.40所示。

图 11.40　输出 JPG 格式图形图片文件

（2）在电脑中找到"三四人沙发-Model.jpg"文件，单击选中，然后单击右键弹出快捷菜单，在快捷菜单上选择"复制"，将图形复制到 WINDOWS 系统剪贴板中，如图 11.41所示。

图 11.41　复制 JPG 图形图片文件

（3）切换到 WORD 文档中，在需要插入图形的地方单击右键选择快捷菜单中的"粘贴"，或按【Ctrl】＋V 组合键，将剪贴板上的 JPG 格式图形图片复制到 WORD 文档中光标位置。插入的图片比较大，需要图纸大小适合 WORD 窗口使用，如图 11.42所示。

（4）利用 WORD 文档中的图形工具的"裁剪"进行调整，或利用设置对象格式进行调整，使其符合使用要求，如图 11.43 所示。BMP 格式的图形图片文件应用方法与此相同。限于篇幅，BMP 格式图片的具体操作过程在此从略。

图 11.42　粘贴图形图片文件到 WORD 文档中

图 11.43　调整 JPG 图片大小